シリーズ 大地の公園

北海道・東北のジオパーク

目代邦康・廣瀬 亘 編

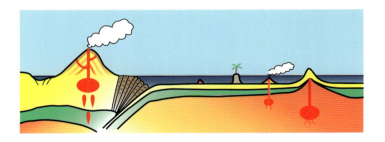

古今書院

Japanese Geoparks Series

Geoparks of Hokkaido and Tohoku Regions in Japan

Editor in chief : Kuniyasu MOKUDAI

Editors : Kuniyasu MOKUDAI and Wataru HIROSE

ISBN978-4-7722-5280-5

Copyright © 2015 Kuniyasu MOKUDAI and Wataru HIROSE

Kokon Shoin Publishers Ltd., Tokyo, 2015

刊行のことば

　ジオパークは、地球科学的な価値のあるものを保全し、それを教育や観光（ジオツーリズム）に活用する場所であると同時に、その活動を通して、地域の自立、地域振興を図っていくという仕組みで、現在世界の 33 大国で取り組まれています。このジオパークは、国際的な自然環境の保全プログラムの 1 つであり、湿地の保全を図るラムサール条約や、「顕著な普遍的価値」を有するものを保護する世界遺産条約、生物多様性保全がベースとなるユネスコ「人間と生物圏」（MAB）計画などと相互補完的な役割を果たすものです。これらの自然環境保全のプログラムが必要になるのは、現代が、私たち人類と地球環境との関係を改めて考えなければならない時代になっているためといえるでしょう。

　これまで、地形や地層について、保護・保全しようという考えは、一部の例外を除きほとんどありませんでした。しかし、人類による地下資源の採掘や土地改変は、年々増加し、このまま進めば、将来的には資源は枯渇し、本来の自然環境の姿はわからなくなってしまいます。日々失われていく地形や地層の露頭は、地球の過去の営みを理解するための貴重な「地球の記憶」です。資源問題、土地利用問題、自然災害の被害の軽減など、人類が直面している問題の解決のためには、地球の過去の営みを理解し、その上でこれからの対策を考える必要があります。その考える手がかりが無くなってしまわないように、地形や地層などを適切に保全していこうという仕組みがジオパークなのです。

　地形や地層、土壌、生態系、そして文化や人びとの暮らしのあり方は、地球の長い歴史の産物といえます。そして、それらがそこにあることには、理由があります。この、「それ」が「そこ」にある理由と、それらのつながりを理解することは、私たちの将来を考える上で重要なことです。そしてその謎解きがジオパークの楽しみ方でもあります。このシリーズでは、日本のジオパーク 39 カ所について、地形や地層、土壌、生態、民俗、文化などについて、「それ」が「そこ」にある理由と、その関係性がわかるジオストーリーを解説しています。ただし、紙面の関係で、限られたトピックしか語られていません。是非、現地を訪れて、この本に書かれているジオストーリーを理解するとともに、ここに書かれていない地域の物語を発見し、人と地球とのつきあい方について考えを巡らしてもらいたいと思います。

　このシリーズがきっかけとなって、読者の皆さんがジオパークに出かけ、そこで新しい出会いが生まれることを願っています。

シリーズ監修者　目代邦康

沿革

日付	日本ジオパーク	世界ジオパーク	その他
2008年12月8日	**アポイ岳**、糸魚川、山陰海岸、島原半島、**洞爺湖有珠山**、南アルプス（中央構造線エリア）、室戸		
2009年8月22日		糸魚川、島原半島、**洞爺湖有珠山**	
2009年10月28日	阿蘇、天草御所浦、隠岐、恐竜渓谷ふくい勝山		
2010年9月14日	伊豆大島、**白滝**、霧島		
2010年10月3日		山陰海岸	
2011年9月5日	茨城県北、**男鹿半島・大潟**、下仁田、秩父、白山手取川、**磐梯山**		
2011年9月18日		室戸	
2012年9月24日	伊豆半島、銚子、箱根、**八峰白神**、ゆざわ		
2013年9月9日		隠岐	
2013年9月14日	おおいた姫島、おおいた豊後大野、桜島・錦江湾、佐渡、**三陸**、四国西予、三笠		
2013年12月16日	**とかち鹿追**		
2014年8月28日	天草、立山黒部、南紀熊野		
2014年9月25日		阿蘇	
2014年11月25日			天草御所浦と天草が合併
2014年12月22日	苗場山麓		
2015年9月4日	**栗駒山麓**、三島村・鬼界カルデラ、Mine秋吉台		
2015年9月19日		アポイ岳	

太字で示したジオパークが、本巻に掲載されています。

（2015年9月現在）

本巻の各章は、月刊「地理」（古今書院）に連載された「ジオパークを歩く」の記事に加筆したものと、新たに書き下ろしたものです。連載で掲載された記事は、以下の通りです。

杉山俊明（2011）ジオパークを歩く（3）白滝ジオパーク：国内最大級の黒曜石産地、白滝赤石山、自然の魅力を体感できる大地．地理 56（8），4-9．

石丸 聡（2011）ジオパークを歩く（5）洞爺湖有珠山ジオパーク：活発な火山活動のもとで豊かな自然の恵みを享受する大地．地理 56（10），14-19．

佐藤 公（2012）ジオパークを歩く（11）磐梯山ジオパーク：岩なだれが作った美しい景観．地理 57（5），23-29．

加藤聡美・車田利夫（2012）ジオパークを歩く（18）アポイ岳ジオパーク：高山植物・昆布・幕末の激動、日高の山、太平洋の恵みとともに．地理 57（12），16-21．

栗山知士（2013）ジオパークを歩く（19）男鹿半島・大潟ジオパーク：風光明媚な自然には、人間が作り出した文化景観が．地理 58（1），6-11．

林 信太郎（2013）ジオパークを歩く（22）八峰白神ジオパーク：白神の恵みに生きる人々．地理 58（4），4-9．

本書の使い方

　本書では、北海道と東北のジオパーク11ヵ所について、**ジオツアーコース** ②を紹介・解説しています。このジオツアーコースは、そのジオパークの地形や地質の特徴から、その上に成立している生態系や、地域の人々の暮らし・文化までが理解できるように構成されています。本書では、「地形や地質、土壌、生態系、水循環、文化、歴史などの、様々なことがらのつながりを示した物語」のことを、ジオストーリーと呼んでいます。本書とともに、あるいは現地ガイドの方と一緒にジオサイトを見てまわり、ジオストーリーを理解できるようになるでしょう。

　日本列島は、様々な種類の地質が存在し、地形は変化に富んでいます。火山活動、地殻変動も活発です。さらに周囲は海に囲まれ、その海洋の環境も多様です。こうした多様性はジオ多様性（geodiversity）と呼ばれています。日本列島は世界の中でもジオ多様性の高い地域の1つです。世界的に見て、日本列島が生物多様性の高い地域であることの1つの理由は、このジオ多様性が高いことにあります。ジオパークはこうしたジオ多様性を学ぶのに最適な場所です。フィールドで本書を手にジオ多様性を五感で感じ、ジオストーリーを発見するジオツアーを楽しんでください。

最初のページには、地形の**鳥瞰図** ①が示してあります。**ジオツアーコース** ②には、見学地点であるStopが示されています。その場所のキャッチフレーズとともに、地名あるいは見えるものを示しています。それぞれのStopで地形や地層の露頭などを詳しく観察する虫の目の視点と、広域の地形をイメージする鳥の目の視点の両方を持ちながら、地形や地質を理解してください。文章の構成の都合で、実際に移動するには不都合な順番になっていることもあるので、各Stopの位置は、章末の**位置情報**⑩で確認してください。緯度経度は世界測地系で示しています。

それぞれのジオパークで起こった、過去の大きな事件は、**ジオヒストリー** ③のバーの中で示しています。時間の目盛りは対数になっています。

各ジオパークの全体像を理解してもらうため、**本文** ⑤に示されていない情報も含め、それぞれのジオパークの概要を**地域概要** ④で示しています。

最後のページには、各ジオパークを訪れる上で役に立つ情報をまとめています。各ジオパークの最新の現地の情報は、**問い合わせ先** ⑥で確認してください。また、地域の情報が集められている施設は、**関連施設** ⑦にまとめています。**注意事項** ⑧には、実際に現地を見てまわる際の、アクセス制限などをまとめています。

地形や地質などを専門的に見ることができる方は、ジオツアーの際に地形図があると理解が深まると思います。各Stopが示されている国土地理院発行2万5千分の1 **地形図**の図名⑨を示しました。

目 次

I 北海道地方 ········· 9
北海道地方の概説

1 洞爺湖有珠山ジオパーク ············ 16
活発な火山活動のもとで豊かな自然の恵みを享受する大地

2 アポイ岳ジオパーク ················ 28
地球深部からの贈りものがつなぐ大地と自然と人々の物語

3 白滝ジオパーク ··················· 40
黒曜石がつむぐ地球と人の物語

4 三笠ジオパーク ··················· 52
さあ行こう！1億年時間旅行へ

5 とかち鹿追ジオパーク ·············· 64
寒冷地ならではの自然と農業

II 東北地方 ········· 75
東北地方の概説

1 男鹿半島・大潟ジオパーク ·········· 82
地形・地質の特性から生まれた風光明媚な自然と文化景観

2 磐梯山ジオパーク ················· 94
岩なだれが作った美しい景観と災害の歴史

3 八峰白神ジオパーク ・・・・・・・・・・・・・・・・・・・・・・・・ 104
　　白神の恵みに生きる人々

4 ゆざわジオパーク ・・・・・・・・・・・・・・・・・・・・・・・・・ 114
　　見えない火山によってつくられた、ゆざわの人々の苦労の歴史

5 三陸ジオパーク ・・・・・・・・・・・・・・・・・・・・・・・・・・・ 122
　　悠久の大地と海と共に生きる

6 栗駒山麓ジオパーク ・・・・・・・・・・・・・・・・・・・・・・・ 134
　　自然災害との共生から生まれた豊穣の大地の物語

コラム
　1　岩石 ・・・・・・・・・・・・・・・・51
　2　化石 ・・・・・・・・・・・・・・・・63
　3　金 ・・・・・・・・・・・・・・・・・・74
　4　火山 ・・・・・・・・・・・・・・・103
　5　地すべり ・・・・・・・・・・・・145
　6　ジオパークを目指す地域 ・・・146

北海道地図株式会社のジオアート・・・・・・・・・・・・・・・・・ 148
索引 ・・・・・・・・・・・・・・・・・・・・・・・・・・・・・・・・・・・・・・・ 150

地質時代の名称と年代

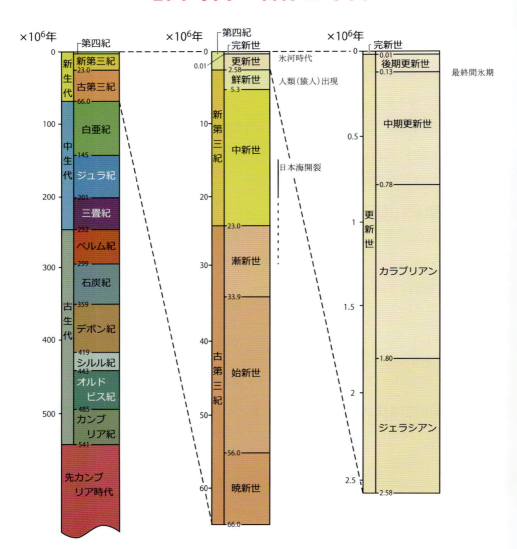

国際地質科学連合（International Union of Geological Sciences）国際層序委員会（International Commission on Stratigraphy）による International Chronostratigraphic Chart（国際年代層序表）の 2015 年 1 月版（日本語版：日本地質学会作成）を参考にして、目代が作図した。

Ⅰ 北海道地方

北海道地方の概説

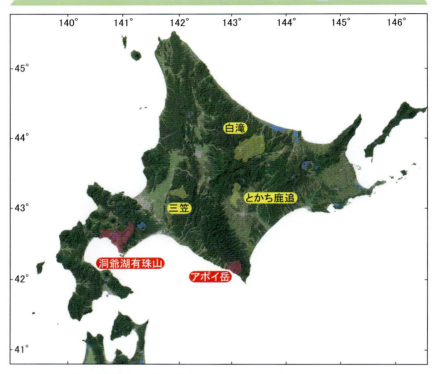

図1 北海道地方の地形 赤色：世界ジオパーク、黄色：日本ジオパーク
北海道地図株式会社「地形陰影図」に加筆

地形

　北海道は、ユーラシア（アムール）プレートと北アメリカ（オホーツク）プレートが衝突している場所であるとともに、千島弧の一部が東北日本弧に衝突している場所でもある。北海道を形づくる地質や地質構造はこのため非常に複雑になっている。こうした地質構造と、寒冷な気候環境下でつくられる地形や気候要素も含め、北海道は、日本列島の中でジオダイバーシティ（ジオ多様性）に富んだ地域である。

ユーラシアプレートと北アメリカプレートの衝突の境界は、北海道の中央部から北海道西方沖の日本海東縁にかけて南北にのびている。このため、日高山脈など北海道の中央部〜西部にかけての山地、平野、活断層の多くは南北方向にのびて分布している。また、境界に近い奥尻島では隆起により十数段にもおよぶ海成段丘（かいせいだんきゅう）が発達している。一方、北海道の南東からは太平洋プレートが千島弧に対して斜め方向に沈み込んでいる。このため千島弧の一部は太平洋プレートに引きずられて西へ移動し、日高山脈周辺で東北日本弧に衝突しのし上げている。知床半島や北海道東部の火山群、北見や網走（あばしり）周辺の盆地や河川系が北東〜南西方向に配列しているのは、横ずれ運動に伴って形成された雁行亀裂（がんこうきれつ）に関連していると考えられる。

　北海道の山地は、標高数百〜 2000 m とそれほど高くなく、急峻な日高山脈や石狩山地を除くと全般になだらかである。これは日本アルプスなどに比べ北海道における隆起速度がそれほど大きくないこと、寒冷な気候により凍結融解（とうけつゆうかい）作用が活発で特に高山における侵食作用が激しいこと、台地状の平坦な火山地形（平坦面溶岩）が広く発達していること、地すべり地形が発達していることなどが理由としてあげられる。

　石狩川の中〜下流域に広がる石狩平野では、戦後に排水と土地改良が進むまで農地開発や都市化の妨げとなってきた泥炭地（でいたんち）や、かつて自由蛇行（だこう）していた流路の跡である三日月湖などから、過酷な自然条件に手を加えて産業を興し居住地を広げてきた、明治時代以降の開拓の歴史に思いをはせることができる。

　北海道の寒冷な気候は地形に大きな影響を及ぼしている。宗谷（そうや）丘陵など北部では、地盤が凍結と融解を繰り返すことにより形成された、丸みを帯びたなだらかな波状の起伏で特徴づけられる周氷河地形（しゅうひょうが）が発達している。日本海側の山地では、北西からの季節風により山の東斜面に雪が大量に掃き寄せられる。このため西側が緩傾斜（かんけいしゃ）で東側は侵食の進んだ急斜面からなるケスタ地形や、全層雪崩（ぜんそうなだれ）によるアバランチシュートなどの雪食地形（せっしょく）が発達する。日高山脈には最終氷期（一部はその１つ前の氷期）に形成されたカールやターミナルモレーンなどの氷河地形も知られている。さらに、寒冷な気候に由来して、構造土（こうぞうど）やソリフラクションローブ、十勝坊主や谷地坊主（やちぼうず）などのハンモック状の地形が高山域や北海道北部、十勝地方で現在も形成されている。

図2 北海道地方の地質
産業技術総合研究所 地質調査総合センター「20万分の1日本シームレス地質図」[CC BY-ND] に加筆
凡例は編者による

地質

　北海道の西半分は東北日本弧、東半分は千島弧に属する地質からできている。いずれも沈み込む海洋プレートの上面にのった堆積物がはぎ取られてできた付加体堆積物、前弧海盆（島弧と海溝の間の深い海底）、島弧（陸弧）の堆積物で構成され、これらは古第三紀以降に海や陸で堆積した地層により覆われている。付加体堆積物には、海溝付近に堆積した膨大な砂や泥、プレートにのって運ばれてきた巨大な海山を構成していた火山岩、それに伴うサンゴ礁に由来する石灰岩などさまざまな地質体が混在している。白亜紀に海域で堆積した地層にはアンモナイトや海棲爬虫類などの化石が多く含まれてい

る。三笠ジオパークの周辺では特に大量のアンモナイトが産する。

　北海道中軸部付近では、プレート同士の激しい衝突により地殻深部にまで達する断層が形成され、白滝ジオパークで見られる花崗岩などの深成岩、アポイ岳ジオパークで見られる変成岩やかんらん岩など、地下深部を構成する岩石が地表まで持ち上げられている。特に日高山脈では東側に地下浅部、西側に地下深部の地質が分布し、日本列島のような島弧地殻の断面を観察できる貴重な場所となっている。

　北海道は、火山の大地でもある。北海道西部では東北日本弧沿いに南北方向に、東部では千島弧に沿って東西方向に活火山が並んでいる。より古い時代（過去 2000 万年間）に活動した火山は根室半島など一部を除き北海道のほぼ全域に見られる。こうした広大な火山活動は、古第三紀〜新第三紀に日本海やオホーツク海南部（千島海盆）で一時的に発生した大規模な火山活動（背弧海盆の形成）に関係すると考えられている。

　各地で黒曜岩を伴うような火山活動が起きていたこと、洞爺カルデラをはじめとする大規模なカルデラ火山が各地で活動していることもこの地域の特徴である。白滝ジオパークでは国内では例のない規模の黒曜石（黒曜岩）岩体がいくつも見られる。カルデラ火山の活動に伴って次々に噴出した溶岩ドームの縁辺が急冷されて形成された黒曜岩は膨大な資源量を有し、石器の材料として旧石器人に活用されていた。屈斜路カルデラや洞爺カルデラなどのカルデラ火山は、数万年に 1 回程度の頻度で巨大噴火を繰り返している。カルデラ火山の周囲には火砕流台地が広がり、平坦な地形や水はけの良さを生かし広大な農地として利用されている。

　温泉や多様な金属・非金属資源もまた、火山の恵みといえる。一方で、北海道の活火山は近年も噴火を繰り返している。最近 20 年間（1996 〜 2015）だけでも 11 回（そのうち、北方領土で 2 回）の噴火が発生している。このため日本国内では早くから火山防災が意識され、1980 〜 1990 年代にかけて多くの火山でハザードマップが整備された。特に有珠山では、住民が噴火現象と向き合い、火山を知ることで共生を図る努力が 100 年以上にわたって続けられている。

気候・生態

　北海道は南部の一部を除くと、亜寒帯湿潤気候に属している。冬季の低温(-30 ℃以下)、夏場の冷涼さで特徴づけられ、年平均気温は 10 ℃以下である。日本海側は、冬季には豪雪に見舞われる。高緯度に位置するために、本州や沖縄などと異なり春～夏にかけて梅雨前線の影響を受けることが少なく、梅雨がないことも特徴である。ただしそのぶんだけオホーツク海高気圧の影響を強く受けることになるため、本州の梅雨にあたる時期には「リラ冷え」と呼ばれる低温期や、蝦夷梅雨と呼ばれる天候不順な時期が存在する。北海道のもう１つの特徴として、年間降水量の少なさがある。日本海側・太平洋側ともに年間降水量は多くの地域で 1500 mm 以下、特に北海道の北部～オホーツク海側では 1000 ～ 500 mm 以下と日本国内では極めて降水量が少ない。ただし近年では、2014 年 8 月の礼文島における豪雨（日降水量 160 mm）など時間雨量数十 mm、日降水量が 100 mm を越えるような突発的な豪雨が頻発している。

　北海道のこうした気候特性、そして地理的な位置のため、北海道には独特の生態系が発達している。最終氷期には海水準が大きく低下し、北海道は宗谷海峡を通じてユーラシア大陸と陸続きになっていたが、津軽海峡は海峡として残っていた。このため、北海道と東北以南の日本列島では生態系が大きく異なることとなった。北海道に生育するヒグマやシマフクロウ、エゾライチョウ、エゾナキウサギ、ギンザンマシコといった種はユーラシア大陸北部～サハリン、千島列島など北方に生息する一方、東北以南には生息していない。生態学的な境界となっている津軽海峡は、こうした動物分布の違いを提唱したトーマス・ブラキストンにちなみ「ブラキストン線」と呼ばれている。これら氷期のレリック（遺存種）が現存できているのは、北海道の冷涼な気候のためであろう。とかち鹿追ジオパークでは、風穴や永久凍土などによりもたらされた冷涼な環境に守られ生きるナキウサギなどを観察できる。

　ただし近年では、北海道に従来生育していなかったウチダザリガニやアライグマ、カブトムシ、ティラピアなどの外来生物が生息域と個体数を増やしており、生態系に対する脅威となっている。

歴史・文化

　北海道に人類が定住しはじめた時期は、数万年前とされる。彼らは氷期にシベリアからサハリン経由でマンモスやオオツノジカなどを追って渡ってきたと推定されている。白滝ジオパークでは、黒曜石を使った石器をつくる人々が今から3万年前以降に定住したことがわかっている。優れた石器素材である黒曜石は重要な交易品であり、日本各地やサハリンからも白滝産の黒曜石が発見されている。

　日本はやがて縄文文化、弥生文化へと移行するが、稲作が困難な北海道では弥生文化を経ずに狩猟・採集を主とした続縄文～擦文文化（オホーツク海沿岸ではオホーツク文化）へ、13世紀ころにはアイヌ文化へと移行した。アイヌは自然と密接に関わりを保って生活していたが、室町時代末期以降は本州から移住してきた和人に圧迫されることとなった。アイヌは文字を持っていなかったが、口碑伝説として各地で様々な言い伝えを残し、北海道全域でアイヌ語に由来する地名が残されているほか、アイヌ古式舞踊はユネスコの無形文化遺産に登録されている。洞爺湖有珠山ジオパークやアポイ岳ジオパークでは縄文時代に形成された貝塚、アイヌが作ったチャシ（砦）跡から、かつてそこで生活していた人々の暮らしに思いをはせることができる。

　北海道の開発が進んだのは明治時代以降である。札幌に北海道開拓使が設置され、国策により北方警備と開拓を行うための屯田兵、全国各地からの移民により開拓が進んだ。神保小虎やお雇い外国人であるライマンによる地質調査が行われ、1876（明治9）年5月10日には日本で初めての広域的な地質図「日本蝦夷地質要略之図」が作成された（これを記念して5月10日は「地質の日」と定められている）。彼らの調査をきっかけに、石狩炭田を初めとする石炭や、鴻之舞鉱山などの鉱山が開発された。これらの資源は全国に先駆けて整備の進んだ鉄道によって輸送され、日本の近代化に大きな役割を果たした。三笠ジオパークでは、石炭やそれらの採掘施設・鉄道・労働力を提供した空知集治監の遺構から日本の近代化に地下資源が果たした役割、「北海盆唄」の原形となった盆踊りなどから多様な文化が融合して新たな文化やコミュニティが生まれていった過程に触れることができる。　　（廣瀬　亘）

❶ 洞爺湖有珠山ジオパーク

活発な火山活動のもとで豊かな自然の恵みを享受する大地

図1 洞爺湖・有珠山の地形とStop位置図
北海道地図株式会社ジオアート『洞爺湖有珠山ジオパーク』をもとに作成

ジオツアーコース

- Stop 1：有珠火山の**溶岩ドーム群**　　　　　サイロ展望台
- Stop 2：森に囲まれた明治噴火の火口　　　四十三山フットパス
- Stop 3：世界が注目した**昭和新山**生成記録資料　三松正夫記念館
- Stop 4：隆起で取り残された鉄道鉄橋　　　胆振線鉄橋遺構公園

ジオヒストリー	先カンブリア	古生代	中生代	新生代
（年前）	46億	5億　2.5億	6600万	500万

写真1 有珠山と南麓に広がる流れ山地形 （2012年8月撮影）

洞爺湖有珠山

Stop 5：そそり立つ有珠新山の壁と銀沼火口	外輪山散策路
Stop 6：有珠山の過去の活動を知る	洞爺湖ビジターセンター・火山科学館
Stop 7：2000年噴火でできた火口湖	金比羅山 有くん火口
Stop 8：隆起による段差と災害遺構	西山山麓火口散策路
Stop 9：**流れ山**の上にたつ寺	有珠善光寺
Stop 10：ジャガイモ畑が広がる火砕流台地	道の駅とうや湖
Stop 11：地殻変動で横ずれ変形破壊した建築物	旧三恵病院

洞爺カルデラの形成 （13～10万年前） 　有珠山誕生（2～1.5万年前）　善光寺岩屑なだれ（8～7千年前）*

新生代

10万　　1万　　　　　　現在

*以後、縄文人～アイヌ民族が栄える。

写真2 サイロ展望台から望む有珠火山の全貌（2012年10月撮影）

洞爺湖有珠山ジオパークは、北海道南西部の洞爺湖と有珠山を中心とする世界ジオパークである（図1）。このジオパークでは、洞爺カルデラと有珠山などの活発な火山活動によって作り出された地形や地質、そしてそれらを土台とした豊かな自然の恵みがもたらされている。

13〜10万年前に起こった巨大な噴火（高島ほか1992）では、現在見られる洞爺カルデラと周囲に広がる広大な火砕流台地が形成された。その後長い年月を経て、巨大カルデラには水がたたえられ洞爺湖となった。火砕流台地には谷が刻まれ、洞爺湖の湖水は壮瞥滝からあふれ出して長流川に流れ込み内浦湾（噴火湾）に注ぐようになった。2〜1.5万年前には、有珠火山が洞爺カルデラの南縁で活動を開始し（中川1998）、現在も数十年ごとに顕著な地殻変動を伴う火山活動を繰り返し、そのたびに新たな森林がつくられている。

火山活動は「温泉」という恵みもこの地域にもたらしている。洞爺湖温泉・壮瞥温泉をはじめ、多数の個性的な温泉にはたくさんの観光客が訪れている。また、ここは北海道内屈指の野菜・果実の産地としても知られている。

火山活動により、繰返し変動する大地 — 20世紀4回の噴火

有珠火山は明治以降20〜40年ごとに噴火を繰り返し、その度に粘性の高い溶岩の貫入により山頂〜山麓に溶岩ドームが形成される火山としても有名である。洞爺湖をはさんで対岸のサイロ展望台（Stop 1）から見える複数の高まりは、地下からたびたび隆起してあらわれたドーム群である（写真2）。有珠山の山体の手前、洞爺湖温泉街の左のなだらかな高まりは1910年に隆起した四十三山、左端の噴気を上げる赤い山体は1940年代に隆起した昭和新山、

有珠山山頂（大有珠）の右側のややとがったピークは1970〜80年代に隆起した有珠新山である。また、2000年噴火で噴煙を上げた金比羅山は洞爺湖温泉街の右隣りに、西山山麓の火口・隆起地帯は有珠山の右端に見ることができる。これらは、次のような歴史を経て現在の火山の形を作り出した。

◆ 1910年の火山活動

　北海道でも比較的温暖で積雪も少なく、海産物にも恵まれたこの地域には、数千年以上前から人類が定住し暮らしを営んできた。明治維新ののち、この地には本州から多くの人々がわたってきて、山麓にいくつもの街が形成されていた。明治末期の1910年、洞爺湖に面した有珠山北麓の斜面で始まった水蒸気爆発は、地盤の隆起とともに多数の火口を形成した。噴火直後から多くの地質学者が現地を調査し、中でも佐藤（1913）は1万分の1地形図に44個もの火口を記録している。この地域は現在は植生に覆われ、地形図や空中写真からも確認が困難なことから、火口は比較的大型のもの十数個しか残っていないと思われていた（横山ほか1973）。しかし、森林下の火口地形の判読に有効な航空レーザー測量を使って作成した赤色立体地図からは44個の火口全てを読み取ることができた（図2）。その中心となるのが四十三山（明治新山）で、その名は明治43年に隆起して山ができたことに由来する。

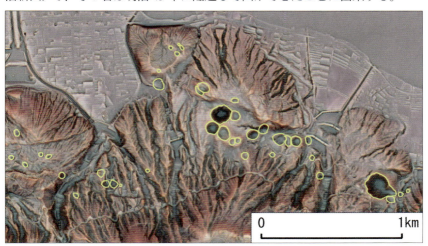

図2　今も残る1910年噴火による火口群
北海道立地質研究所2007より引用。アジア航測㈱作成の赤色立体地図に加筆

洞爺湖温泉街の東端を起点とするフットパス「四十三山コース」をたどれば、これらの火口のいくつかを巡ることができる（Stop 2）。地図を片手に火口探しをしてみてはいかがだろうか。中には現在も弱い噴気が見られるものもある。100年以上も前に形成された火口周辺は今や森林に囲まれ、昭和30年ころまでは広大な洞爺湖を見下ろせる遊歩道だったそうだが、現在は木々の隙間からわずかに湖をのぞき見ることができるのみとなっている。1世紀前の火山活動と噴火後の森林回復の力を実感できるコースである。

◆ 1943-45年の火山活動

第二次世界大戦が激化しつつあった1943年暮、有珠山の北麓〜東麓で火山性の地震が始まった。それまで畑だった土地（標高100 m）には無数の亀裂が生じ、1944〜45年に水蒸気爆発を繰り返しながら隆起を続けた。ついには、溶岩ドームが大地を突き破り標高400 mを越える昭和新山が生成された。隆起を続けている畑地の縁には当時、国鉄胆振線が通っていた。1944年夏以降1年以上にわたる土地の隆起により線路はゆがみ不通、遅延を繰り返した。しかし、戦時中であり、鉄鉱石などの物資供給の必要性から、列車が通行不能になるとただちに人力を主とする路線改良、迂回工事が行われた。その隆起速度は最大で30 cm/日にも達する激しいものであり、7回にも及ぶ

図3 胆振線は退避迂回を続け、長流川河岸に追い詰められる（三松 1993）

迂回工事により線路は少しずつ長流川方向に移設され、ついには長流川の河岸にまで追いやられた（図3）。

昭和新山の生成・活動についての詳しい話を知りたければ、昭和新山の麓にある三松正夫記念館へ立ち寄ることをおすすめする（Stop 3）。この記念館には、火山学の世界で有名な「ミマツダイヤグラム」や「昭和新山生成日記」のほか、三松正夫氏が描いたスケッチ、写真など、昭和新山や有珠山に関する貴重な資料が多数展示・所蔵されている。

隆起した旧国鉄胆振線は、昭和新山東側の現在の国道沿いを通っていた。胆振線鉄橋遺構公園には、隆起以前に使われた胆振線の橋脚が当初の位置より約30 m隆起した斜面上に現在も残されている（Stop 4）。この橋脚までは昭和新山の成長により生じた急斜面を階段で登るとたどり着く。そのとてつもない隆起量を足と目で実感できる散策コースとなっている。

◆ 1977-82年の火山活動

有珠山ロープウェイに乗り、山頂駅で40〜60分ほど滞在する時間があれば、ぜひ火口原展望台（Stop 5）まで足を延ばしてほしい。荒涼とした火口原の中に、白い水蒸気を上げる銀沼火口と、そのそばにそそり立つ有珠新山の崖を望むことができる。

昭和新山の火山活動から34年後の1977年8月に、ここ火口原を舞台に噴火が起こった。当時の火口原は、前回の山頂噴火（1853年）から120年かけて成長した豊かな森で覆われ、水をたたえた銀沼は、地域の子供たちが遠足で必ず訪れる憩いの場所であった。活動は最初の3日間が最も激しかった。4回の大きな軽石噴火を起こし、噴煙は高度12000 mの成層圏まで到達し、70 km離れた札幌市からでも上空に広がる噴煙が見られるほどだった。その後、噴火は山頂で場所を変えながら1年以上に渡り繰り返された。木々は枯れ、銀沼も噴火口に姿を変えた。繰り返される噴火とともに、地下から上昇したマグマによって、山頂では激しい地殻変動がはじまった。5年間続いた変動で、火口原の中央部は180 mも隆起し、有珠新山が誕生した。この1977〜82年の活動では、噴火そのものによる犠牲者は出なかったが、78年8月に起きた火山灰を大量に含む泥流に、洞爺湖温泉街のアパートがのみ込まれ、2名が亡くなり1名が行方不明となった。

有珠山ロープウェイ山頂駅の洞爺湖有珠山ジオパーク火山防災シアターでは、有珠山と研究者、住民との共生の映像を上映している。下りのロープウェイの待ち時間に見ることをおすすめする。

◆ 2000年の火山活動

　有珠山の噴火を訪ねるサイトとして、もっとも新しい活動痕跡を見ることができるのが、2000年噴火のエリアである。散策できるコースにはフットパス金比羅山コースと西山山麓火口散策路がある。2000年噴火に関わる、この2つのコースを歩く際には、ぜひ洞爺湖温泉街にある洞爺湖ビジターセンター・火山科学館（Stop 6）で、2000年噴火のドキュメント映像を見てほしい。この地域で2000年にどのような災害が起こったか、有珠山がどのような火山なのか、理解を深めることができる。金比羅山コースでは、多くの住民が暮らす街のすぐそばで噴火が発生するという、世界的にみても極めて稀な現象にふれることができる。洞爺湖ビジターセンターのすぐ山側にある金比羅火口災害遺構散策路は30分程度で見てまわれるが、もし2時間ほど

写真3　2000年噴火による西山西方に生じた段差・亀裂（2004年11月撮影）

時間があれば、足を延ばして、美しい火口湖をもつ2000年噴火の最大の火口「有くん火口」を見にいくことができる (Stop 7)。西山山麓火口散策路は、旧町道泉公園線に沿って1時間程度で歩けるコースで、火口めぐりと、隆起による断層、災害遺構の観察ができる (Stop 8、写真3)。散策路の南口には、噴石被害に遭った「旧とうやこ幼稚園」がある。

　2000年噴火に先立つこと4日前、その前兆である火山性地震や地殻変動が観測されはじめた。有珠山の噴火は必ず激しい前兆地震を伴うことを受けて、気象庁から異例の噴火前の緊急火山情報が発表された。その結果、噴火前に1万人を超える周囲の住民の事前避難は完了していた。これにより噴火の人的被害は無かった。前兆地震が始まってから3日後の3月31日に、噴火が始まった。当時、とうやこ幼稚園では、4月に新しい子供たちを迎えるため、入園式の準備を終えていた。噴火口は西山の麓に開き、地表近くの岩を粉砕して1 km以上先までそれを吹き飛ばした。火口から700 m先にあった幼稚園の敷地には、噴石が雨のように降り注ぎ、園舎や園庭の遊具を破壊した。その後の地殻変動で、幼稚園の敷地は大きく傾斜した。この幼稚園は、当時の経営者の協力により遺構として保存され、現在は洞爺湖町が散策路と一体的に管理しているので、自由に見学することができる。

洞爺湖・有珠山の森林

　有珠山は、天然の森林の成長を学ぶことができる優れた教科書である。火山の噴火が起こると、火口周囲の植物は、大部分が枯死し、そこは裸地に変わるが、やがて、さまざまな植物が独自の戦略で、たくましく生息地と日光の取り合いをはじめる。オオイタドリ、アキタブキなどは地下茎が生き残り、火山灰が厚く積もった大地からでも芽を出す。ドロノキの仲間やシラカンバなどは明るい場所を好み、裸地で最初に生育するが、これらはやがて、陽樹の森をつくる。その下で、ミズナラ、ホオノキ、カツラ、ハリギリなど、次の森の主役たちが育ちはじめ、やがて入れ替わり、より成熟した森を形成していく。このような遷移は数十年～数百年かけて行われるが、有珠山は毎回場所を変え噴火するため、それらの場所を順に辿ると、いちどきに森の成長・変化を見ることができる。2000年火口群の周辺の森 (Stop 7、8) は今まさに

洞爺湖有珠山

生まれたばかりだが、火口原（Stop 5）の小有珠付近に行くと約40年の森、昭和新山（Stop 4）では約70年の森、四十三山（Stop 2）では約100年の森が観察できる。このように、森林の段階的な遷移過程をごく狭いエリアで確認できる。

岩屑なだれの流れ山を利用した善光寺の庭園とアイヌの砦

　有珠山の南山腹から山麓にかけて、大小多数の小山が散在する。これは、8000〜7000年前に発生した有珠山山頂部の山体崩壊（横山ほか1973）により広がった岩屑なだれで流れ下った「流れ山」と呼ばれる巨大な岩塊群である。この流れ山は海岸線を越え沖合い数kmまで分布することから、岩屑なだれ発生時には内浦湾沿岸で大津波が発生し、当時そこに暮らす縄文人も少なからず被害を受けたことが想像される。一方でこれらの流れ山がつくる複雑な海底地形は魚貝類にとって棲みやすい恵みの海となった。流れ山に囲まれ複雑な海岸線からなる有珠湾が、天然の良港となっていることも火山活動による恩恵といえよう。

　有珠湾に面する浄土宗の寺院、有珠善光寺はこの山体崩壊堆積物上に立つことから、この山体崩壊は善光寺岩屑なだれと名づけられている（Stop 9）。善光寺の境内は流れ山地形を利用した天然の庭園となっており、散策すると庭園内や有珠湾の流れ山地形を見ることができる。善光寺が現在の地に建立されたのは慶長18（1613）年で、文化元（1804）年には、江戸幕府の威光を蝦夷地に浸透させると同時に、アイヌへの仏教布教と蝦夷地における和人への供養を目的として江戸幕府により蝦夷三官寺の1つに指定された。この寺院には、念仏を歌に仕立てたものにアイヌ語を付した「念仏上人子引歌」や、有珠山の噴火活動や被災状況を記した「役僧日記」、「大臼山焼崩日記」などの重要文化財が保存されている。「大臼山焼崩日記」には、文政噴火（1822年）の際の被災・避難状況などが詳しく記述されている。これらの記録によって、文政噴火も明治以降の噴火と同様に、地震発生の数日後に噴火活動を開始したことや、避難していたアイヌ集落の人々が火山活動の弱まりを見て戻ってきたところ火砕流に遭遇し、死者・行方不明者100人前後の壊滅的被害にあったことを知ることができる。

魚貝類の豊富なこの地はアイヌが多く暮らしており、前述の有珠湾周辺の複数の流れ山からアイヌの砦「チャシ」の痕跡が見つかっている。チャシは見晴らしのよい平坦な高台が選ばれるため、流れ山の頂部はチャシの立地として好条件である。チャシは周囲を壕や柵を巡らせ急峻な登り口を持ち、戦略的な要塞や宗教的崇拝の対象であったと考えられている。流れ山以外の地形を利用したものではあるが、豊浦町の海岸沿いに位置するカムイチャシや伊達市街の館山チャシは、壕の残る保存状態の良い史跡となっている。

大地からの恵み

　洞爺湖・有珠山周辺には火山の恵みの温泉が多数存在する。有珠山北麓の洞爺湖温泉・壮瞥温泉は大型ホテルを中心とする温泉街となっている。そのほかにも有珠山南麓の伊達温泉、そして長流川沿いの北湯沢温泉、蟠渓温泉、弁景温泉、さらにはジオパーク西部の豊浦温泉など多彩な温泉・温泉宿を楽しむことができる。湯につかりながら、洞爺湖や長流川、内浦湾の景観、川の流れの水音を楽しめる温泉もあるので、好みの温泉を探してみてはいかがだろうか。

　北海道の大地で収穫されたジャガイモは炭水化物独特のほのかな甘みがとても強い。洞爺湖の北に広がる火砕流台地にはそんな極上ジャガイモの畑が一面に広がる（Stop 10）。火砕流台地は水はけの良い耕地となり、北海道の寒さがほのかな甘みを育むのである。同様に水はけの良い火山灰質土壌、長い日照時間、寒暖差の大きい気温条件を持つ有珠山周辺は、壮瞥のリンゴやブドウ、有珠のメロンなど果樹園が並ぶ果実の宝庫でもある。さらに、弁景温泉などでは温泉熱を利用して年間通じてのトマトなどのビニールハウス栽培に取り組むなど、まさに大地の恩恵をフルに活用した栽培が行われている。

災害遺構と火山マイスター

　噴火を繰返す有珠山とともに生きる人びとに対して、災害について伝承していくことは、この地で暮らしていくうえで欠かせないことである。そうした伝承のため、多くの災害遺構を保存し、活用している。これまで紹介してきた遺構のほかにも、1977〜82年の地殻変動によって破壊された旧三恵病院

は、1977年火山遺構公園として公開されている（Stop 11）。災害遺構の保存は、当事者にとって辛い記憶を伴うことが多い。しかし、言葉や写真だけでは決して伝わらない実物の生々しさを伝えることができる。次の世代に地質災害の実態を、直感的に理解してもらうためには、災害遺構の存在の意義は大きい。

　モノだけでは当時の様子は伝わらない。災害当時の様子を伝える語り部として洞爺湖有珠火山マイスターがいる。北海道と洞爺湖有珠山ジオパーク推進協議会では、有珠火山についての知識を持ち、地域の防災リーダーとしての活動に意欲的な人を「学びと伝えの実践者」である火山マイスターに認定している。そして火山マイスターは、地域の学校講師や、登山学習会などのジオツアーガイドとして精力的に活動している。この地域では、災害遺構と、語り部である火山マイスターの両方が存在することで、住民主体の防災教育が実践されている。また、火山マイスターは、火山に限らず地質災害全体まで広げた語りと問いかけを行っており、全国からこの地を訪れる修学旅行や世界各国からの防災関係者研修の講師としても年々依頼が増えている。様々な自然災害に襲われる日本や世界の人々に対して、それぞれの土地とのつきあい方や災害に強い地域社会の作り方などを、伝え共に考えるジオツアーは高い評価を受けている。

（石丸　聡・加賀谷にれ）

【参考文献】
- 佐藤伝蔵（1913）有珠火山破裂調査邦文. 地質要報 23, 1-54.
- 高島　勲・山崎哲良・中田英二・湯川公靖（1992）北海道洞爺湖周辺の第四紀火砕岩及び火山岩のTL年代. 岩鉱 87, 197-206.
- 中川光弘（1998）有珠火山. 高橋正樹・小林哲夫編『フィールドガイド日本の火山③　北海道の火山』築地書館, 92-113.
- 北海道立地質研究所（2007）『有珠山の地殻変動予測に関する研究』北海道立地質研究所調査研究報告 35.
- 三松正夫（1993）『昭和新山生成日記　復刻増補版』三松正夫記念館
- 横山　泉・勝井義雄・大場与志男・江原幸雄（1973）『有珠山－火山地質・噴火史・活動の状況および防災対策－』北海道防災会議

【問い合わせ先】
・洞爺湖有珠山ジオパーク推進協議会
　〒049-5692　北海道虻田郡洞爺湖町栄町58　洞爺湖町役場内　☎ 0142-74-3015
　http://www.toya-usu-geopark.org/
・洞爺湖有珠火山マイスターネットワーク
　〒052-0107　北海道有珠郡壮瞥町字洞爺湖温泉53 湖畔の宿 洞爺かわなみ内。
　講師の申し込みはウェブサイトから。事前予約が必要。
　http://volcano-meister.jp/

【関連施設】
・三松正夫記念館
　〒052-0102 北海道有珠郡壮瞥町昭和新山184-12　☎ 0142-75-2365
・洞爺湖ビジターセンター・火山科学館
　〒049-5721 北海道虻田郡洞爺湖町洞爺湖温泉142-5　☎ 0142-75-2555
・有珠善光寺 宝物館
　〒059-0151　伊達市有珠町124　☎ 0142-38-2007

【注意事項】
・散策には装備・服装など十分な準備をしてください。
・有珠山は常時観測火山です。火山活動の状況などは気象庁のウェブサイトなどで
　確認してください。
　http://www.data.jma.go.jp/svd/vois/data/sapporo/112_Usu/112_index.html

【地形図】
2.5万分の1地形図 「洞爺湖温泉」「壮瞥」「洞爺」

【位置情報】
Stop 1：42°37'34"N，140°47'59"E　　　サイロ展望台
Stop 2：42°33'33"N，140°49'59"E　　　四十三山フットパス
Stop 3：42°32'27"N，140°51'25"E　　　三松正夫記念館
Stop 4：42°32'30"N，140°52'31"E　　　胆振線鉄橋遺構公園
Stop 5：42°32'15"N，140°50'30"E　　　外輪山散策路
Stop 6：42°33'50"N，140°48'54"E　　　洞爺湖ビジターセンター・火山科学館
Stop 7：42°33'28"N，140°48'43"E　　　金比羅山 有くん火口
Stop 8：42°33'25"N，140°48'04"E　　　西山山麓火口散策路
Stop 9：42°31'16"N，140°46'48"E　　　有珠善光寺
Stop 10：42°39'55"N，140°49'20"E　　　道の駅とうや湖
Stop 11：42°33'21"N，140°51'05"E　　　旧三恵病院

洞爺湖有珠山

❷ アポイ岳ジオパーク

地球深部からの贈りものがつなぐ大地と自然と人々の物語

図1 アポイ岳ジオパークの地形とStop位置図
北海道地図株式会社ジオアート『アポイ岳ジオパーク』をもとに作成

ジオツアーコース

- Stop 1：固有の**高山植物**群落　　　　アポイ岳登山道馬の背付近
- Stop 2：海に浮かぶ奇岩類　　　　　　観音山展望台
- Stop 3：ホルンフェルスの**海食洞**　　　冬島の穴岩
- Stop 4：**片麻岩**と**角閃岩**の褶曲　　　　ルランベツ覆道
- Stop 5：江戸時代の山道開削に尽力　　和助地蔵尊

ジオヒストリー	先カンブリア	古生代	中生代	ユーラシア・北米プレートの衝突（4000万年前）	マグマの貫入（1650万年前） 新生代
（年前）	46億	5億	2.5億	6600万	500万

写真1 ヒダカソウ（固有種）
（2008年3月撮影）

アポイ岳

― 日高山脈の形成
（1300万年前）

海岸段丘の形成
（13万年前）

新生代

10万　　　1万　　　現在

北海道の中央付近には、南北 150 km の北海道の背骨とも呼ばれる日高山脈がそびえている。その南端に位置する様似町全体がアポイ岳ジオパークである（図1）。かつての大陸プレートの衝突境界であり、境界東部に地下深部の上部マントルをつくるかんらん岩が地表にあらわれてできた鋭角的なアポイ岳（810 m）がそびえ、西部にはそれとは対照的に堆積岩を基盤とするなだらかな丘陵地帯が広がっている。さらに海岸には火成岩でできた奇岩が点在する。

　新鮮なかんらん岩でできたアポイ岳は、マントルの様子をうかがい知ることのできる貴重な地質遺産であるとともに、その成分から、固有の高山植物群落を育み、訪れる登山者の目を楽しませている。また、海岸の奇岩には先住民族アイヌの口碑伝説が数多く残り、その周辺一帯は 400 年以上続く日高昆布の好漁場となって今もこの地域の経済を支えている。このジオパークでは、大地が生態系や人々の暮らしと密接に関連していることを実感することができる。

低山のアポイ岳に固有の高山植物が多い理由

　アポイ岳は日本で 1 番早く、そして 1 番長く高山植物の花を楽しめる山で、5 月から 10 月まで半年間も花が咲いている（Stop 1）。また、この山にしか咲かない花が多く見られる。標高 810 m という手軽さもあって年間 7 〜 8 千人もの登山者で賑わっている。このような低山なのに高山植物があるのがアポイ岳の最大の魅力であり、不思議でもある。

　アポイ岳周辺にはヒダカソウ（写真 1）のように、名前に「アポイ」や「サマニ」、「ヒダカ」とつく植物が多い。それらの多くはアポイ岳周辺に固有の植物であり、この地域の植物相に占める固有種の割合はおそらく世界で最も高い（渡邊 2005）。

　このように高山植物や固有種が多いのは、アポイ岳をつくるかんらん岩とこの山の厳しい環境とが影響している。かんらん岩を母材とする土壌にはニッケルやマグネシウムなどの重金属が多く含まれるため、植物は成長しにくい。また、かんらん岩は風化しにくいため土壌ができにくく、アポイ岳の土壌層は薄い。さらにその土壌は、乾燥しやすく栄養が少ない。冬季の少雪強風という気象条件も影響し、強風で雪が飛ばされたむき出しの地面は容易に凍結してしまう。加えて、アポイ岳は海岸からわずか 3 km しか離れていないため、北海道太平洋沿岸で夏によく発生する濃密な海霧に、しばしば山

全体が覆われてしまう。そのため、夏でも日光が遮られ気温が低下してしまうのだ。このように、特殊な地質条件と低山でありながら高山のような環境であるため、そこに適応できる高山植物だけが、時には形を変えながら生き永らえてきたのだ。

アポイ岳をつくるかんらん岩

　かんらん岩は、地球の内部、地殻の下、数十〜400 km の上部マントルをつくる岩石である。アポイ岳は丸ごとこのかんらん岩でできている。東側の北米プレートが西側のユーラシアプレートに徐々に近づき、4000万年前に衝突・合体し、北海道の土台をつくった（図2）。衝突後も北米プレートの一部はその動きを止めずに西に進んだため、北米プレートの先端はユーラシアプレートの上にめくれ上がるように乗り上げ、日高山脈を形成した（1300万年前）。その際、地下50〜60 km という深部の上部マントルまでもが地表に顔を出し、現在のアポイ岳になった。この北海道中央部を縦断するユーラシアプレートと北米プレートの境界は、その後、新潟県と静岡県を結ぶ糸魚川－静岡構造線へとジャンプしたと考えられている（中村1983）。

　アポイ岳という名前は、「アペオイヌプリ」というアイヌ語に由来している。アペは火、オイは多くあるところ、ヌプリは山という意味で「大火を焚いた山」となる。昔、アイヌの人々の食糧として重要であった鹿が突然見られなくなったため、日々仰ぎ見ている山の頂に祭壇を設け大火を焚き、その再来を

図2　1300万年前の北海道付近のプレート配置図
新井田（1999）を引用

カムイ（神）に祈ったという伝説に由来している。

さて、このお祈りだが、少し効きすぎたようである。というのも、近年この付近でも鹿が非常に増えていて、アポイ岳の高山植物への食圧が大きな問題となっている。いずれ、再びアポイ岳の山頂で火を焚き、今度は鹿を減らしてくれるようカムイに祈りを捧げる日がくるかもしれない。

アポイ岳登山に要する時間は、登り3〜4時間、下り2〜3時間ほどである。登山愛好者でなくとも、健康な人であればさほど苦労しないで楽しめるだろう。登山道沿いでは、ところどころ岩場が出現するが、これらは全てかんらん岩の露頭である。人類が到達したことのない地球深部に想いを馳せながら山道を歩くのも、この山ならではの楽しみといえるだろう。花が目当てならば、5〜6月が良い。色とりどりの「ここにしかない花」たちが、皆さんを迎えてくれることだろう。

海岸地形に残る歴史ロマンとジオの恵み

札幌方面から太平洋沿いの日高路は、ずっと平坦な海岸線だが、様似近くでは海にいくつもの巨大な奇岩が存在する（写真2）。海岸の奇岩類を一望できるのは観音山展望台である（Stop 2）。

これら奇岩類の成り立ちにも、プレートの活動が関係している。ユーラシアプレートと太平洋プレートが衝突したとき（図2）、今の様似海岸付近の堆積岩の地層に割れ目をつくった。そこに1650万年前、地下深くから上がってきたマグマが板状に入り込み、そのまま地下でゆっくり冷えて固まった。長い年月の間に地盤が隆起し、侵食によってまわりの堆積岩の地層が削られると、固い板状の岩体が残された。これが今見える奇岩たちの正体である。岩に近づいてよく見ると、花崗岩ほどではないが、直径数mmくらいのやや大きな鉱物の粒が集まってできていることがわかる。地下でゆっくりと冷えることで鉱物が大きく成長できたためである。

こうした独特の景観には、先住民族アイヌの口碑伝説が数多く残されている。まるで親子が寄り添うようにたたずむ親子岩（写真3）にはアイヌの親子の悲話があり、ローソク岩には、ひとまたぎ十数里といわれる巨神アイヌラックルのユーモラスな尻もち話が残る。

展望台からの眺めでひときわ目につくのが、様似漁港の東岸をなしている海抜60mほどの陸繋島のエンルム岬である。かつては海に浮かぶ島だったが、陸との間に砂がたまり砂州ができ陸とつながった。こうして南に海に突き出すようにしてできた地形は天然の港となる。東西どちらからの風が吹いても必ず風裏ができ、船が停泊できる。こうして江戸時代に入ると様似は広域中継地となり、そして地域の中心地となった。

写真2　エンルム岬と様似海岸の奇岩類（2011年6月撮影）

写真3　親子岩

「昔、東の方での戦で負けてしまった村おさが、追われて、家族ともども海の中に入ると、岩に姿を変えてしまった。追っ手の矢がその岩にあたり、岩は3つに割れてしまった。」という伝説が残る。(2009年12月撮影)

江戸時代後半になり、商品経済と物流の本格化とともに船と航路の時代がやってくると、幕府の出先機関である会所や蝦夷三官寺の1つ等澍院(とうじゅいん)が置かれ、様似は東蝦夷地の要衝として飛躍的に発展していく。

6kmの海食崖が続く日高耶馬渓(やばけい)

仰ぎ見れば高さ100mを超す断崖絶壁が迫り、目の前では鋭い牙のように突き出した岩礁を荒波が洗う。様似町の冬島(ふゆしま)及び幌満(ほろまん)の両地区の間にのびる6kmの海岸線が、日高耶馬渓と呼ばれる景勝地である（写真4）。ここは、日高山脈の南端アポイ岳の裾野に形成された海食崖(かいしょくがい)である。

江戸時代の蝦夷地には、海岸線沿いの道しかなく、交通の難所である。ここを通る人々は、岩場に縄を下げたり梯子をかけたりして上り下りし、波の引間の一瞬をねらって岩場を走り抜けるしかなかった。あまりの恐ろしさに念仏を唱えながら越えたという断崖には、念仏坂という名前が残されている。

この日高耶馬渓の西の入口は、冬島漁港内の穴の開いた大岩である（Stop 3）。これは、砂と泥の堆積物が熱で変成した岩石であるホルンフェルスの海食洞である。穴は波の侵食によってできた。現在は周囲が埋め立てられ漁港の一部になっているが、埋め立て以前は高さ9mもの大穴で、干潮時にはこの穴を人馬が通り抜け、満潮時には磯船が往来していた。

この穴岩の西側にまわって、高さ10mほどの、岩の上を見ると大小いくつかの丸い石が乗っている。これは波によって運ばれた礫であり、穴岩の上がかつて波打ち際であったことの証拠である。かつての波打ち際が高いところにあるのは、この土地が隆起しているためである。

海水準の変動とこの地盤の隆起によって、海岸付近には海成段丘(かいせいだんきゅう)が形成される。冬島漁港から見えるアポイ岳の裾野にある何段かの階段状の地形が海成段丘である（写真5）。段丘面の1番低い平地は、この地方特産の日高昆布の干し場になっている。

太平洋に面した様似町の主産業は漁業であり、昆布はサケと並ぶ主力産品である。ここで採れるのは日高を含む北海道太平洋岸の一部にしか分布していないミツイシコンブである。日高昆布として流通し、ダシに良し、食べても良しという用途の広さがその特長である。

写真4　断崖絶壁が続く日高耶馬渓（2013年12月撮影）

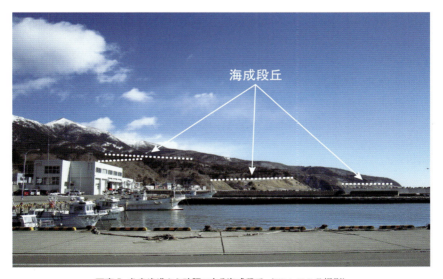

写真5　冬島漁港から確認できる海成段丘（2014年8月撮影）

写真6　かんらん岩の砂利の上で天日干しされる日高昆布（2011年7月撮影）

　昆布漁の最盛期は夏で、様似の浜が最も活気づく季節でもある。即日天日干しがウリの日高昆布は、陸揚げされるとすぐに砂利を敷き詰めた昆布干場に並べて乾燥する。様似では、この昆布干場の砂利がかんらん岩である（写真6）。地元で産出される手ごろなものがかんらん岩の砂利だからである。

　日高昆布の流通でユニークなのは、採れた浜の場所で価格が決まる浜格差という制度である。昆布は、生育する浜の地形や陸地を含めた自然環境によって明確に品質に差が出る。そのため、日高昆布を採る浜は、特上浜、上浜、中浜及び並浜の4ランクに区分されており（図3）、毎年、上浜の昆布の値段をもとに、定率でほかのランクの値段が決まっている。様似の浜は全域が上浜であり、さらに特上浜及び上浜は様似に隣接する浜に限られている。

　様似の浜でどうして良質の昆布が採れるのだろうか。仮説の1つとしてアポイ岳のかんらん岩の存在が考えられている。かんらん岩には鉄分やマグネシウムなどが多く含まれる。そのため、この地域の河川水にはそれらのミネラルが豊富に含まれている。現在、様似町ではその関連性を調べるため、北海道大学と連携し科学的な調査を行っている。調査をしてみると、非かんら

図3　日高昆布の浜格差

ん岩地域と比較して河川からの鉄分の流入が多いことがわかってきている。今後、さらなる結果がでることが期待される。

　日高耶馬渓は現在、崩落による事故回避のためのトンネルができていて、そこを車が通行しているが、旧道も利用することができる。旧道沿いには、道路開削の歴史がわかる明治、大正、昭和三代のトンネルがあるほか、日高変成帯の地質や褶曲作用を観察できる露頭がある。ルランベツ覆道脇に見える褶曲（Stop 4、写真7）では、硬い岩をアメのように曲げてしまう大地のエネルギーに驚かされる。そして、ここからは高さ100mの雄大な海食崖が一望できる（写真4）。崖の露頭の上部には、段丘堆積物が見え、崖上は海成段丘面となっていることがわかる。この段丘面上には、1799年、ロシアの南下に危機感を抱いた江戸幕府が開削した様似山道がある。千島列島伝いに南下していたロシアとの有事に備えて兵力を輸送する必要性からつくられたもので、大小の渓谷をまたぐ延長7kmの道のりで、わずか1年で開削された。この短い工期から、幕末の蝦夷地を巡る世界情勢の緊迫感をうかがい知ることができる。

写真 7　ルランベツの褶曲（2015 年 9 月撮影）

　現在、様似山道は全長 7 km、所要時間 4 時間のフットパスコースとして整備されている。山道東口付近には、山道開削に尽力した地元民・斉藤和助を祭る地蔵尊もある（Stop 5）。ここで通行の安全を祈って、渡渉もある山道を、西口に向かって歩くのが一般的なルートである。

アポイ岳ジオパークで伝えたいこと

　アポイ岳ジオパークでは、地下深部の重たいかんらん岩が、地表にまで持ち上げられるというダイナミックな大地の変動を感じることができる。また、アポイ岳の植物相は、生態系が、大地の変動と気象・気候環境の絶妙なバランスの上に保たれているということを示している。人間の活動による急激な環境変化により、アポイ岳の高山植物群落も衰退の一途をたどっている。麓に生きる人々の暮らしとともに、自然環境の大切さを感じてもらいたい。

（原田卓見・加藤聡美）

【参考文献】
- 中村一明（1983）日本海東縁新生海溝の可能性．東京大学地震研究所彙報 58, 711-722.
- 新井田清信（1999）日高山脈：島弧深部でできた岩石．北海道大学総合博物館学術資料展示解説書「北の大地が海洋と出会うところ－アイランド・アーク－」
- 光田 準・増沢武弘（2005）北海道アポイ岳における植物の分布と土壌環境．日本生態学会誌 55, 91-97.
- 渡邊定元（2005）アポイ岳超塩基性岩フロラの特異性．日本生態学会誌 55, 63-70.

【問い合わせ先】
- 様似町アポイ岳ジオパーク推進協議会事務局　様似町役場商工観光課
  北海道様似郡様似町大通　☎ 0146-36-2120
  http://www.apoi-geopark.jp

【関連施設】
- アポイ岳ジオパークビジターセンター
  北海道様似郡様似町平宇 479-7　☎ 0146-36-3601
- 様似観光案内所
  北海道様似郡様似町大通 1 丁目 101-1　☎ 0146-36-2551
- 様似郷土館
  北海道様似郡様似町会所町 1　☎ 0146-36-3335

【注意事項】
- Stop 1 のアポイ岳は国定公園内にあり、許可なく岩石や植物を採取することはできません。また、登山道以外に立ち入ることもできません。
- Stop 3 の海食洞内は、危険ですので立ち入らないでください。
- ガイドを利用される場合は、事前の申込みが必要です。

【地形図】
2.5 万分の 1 地形図「様似（さまに）」「上杵臼（かみきねうす）」「新富（しんとみ）」「アポイ岳」「幌満（ほろまん）」

【位置情報】
Stop 1 :	42°06′22″ N, 143°01′13″ E	馬の背（アポイ岳登山道）
Stop 2 :	42°07′40″ N, 142°55′09″ E	観音山展望台
Stop 3 :	42°05′52″ N, 142°59′17″ E	冬島の穴岩
Stop 4 :	42°04′41″ N, 143°00′59″ E	ルランベツ覆道の褶曲
Stop 5 :	42°04′27″ N, 143°02′17″ E	和助地蔵尊

❸ 白滝ジオパーク

黒曜石がつむぐ地球と人の物語

図1 湧別川上流域の地形とStop位置図
北海道地図株式会社ジオアート『白滝ジオパーク』をもとに作成

ジオツアーコース

Stop 1：**河成段丘**の地形を生かした畑地　　　　　上白滝
Stop 2：旧石器時代の**黒曜石**石器生産の拠点　　　白滝遺跡群
Stop 3：高山植物が生育する**風穴**　　　　　　　　武利風穴
Stop 4：**黒曜石**の巨大露頭　　　　　　　　　　　八号沢露頭
Stop 5：真っ赤に焼けた**黒曜石**　　　　　　　　　赤石山山頂

ジオヒストリー	先カンブリア	古生代	中生代	新生代
（年前）	46億	5億　　2.5億	6600万	500万

白滝ジオパークは、北海道の東北部、オホーツク海沿岸より約20 kmの内陸部に位置する。ここには、国内最大規模の黒曜石を形成した火山活動の痕跡と、その背景となった地質イベントを示す地層や岩石が分布する。さらに、この黒曜石を石器の石材、つまり生活に必要な資源として利用をはじめた旧石器時代の人類の遺跡も残されている。そのほかにも、熱水活動に伴って生成された金銀鉱床の採掘の歴史、崖錐に生じた風穴周辺に繁茂するアカエゾマツ材を用いた林業と森林鉄道の歴史など、地形や地質と生物、人間との関係を示す貴重な遺産がある。ここでは、地球の活動によってこの地にもたらされた天然資源と、生活様式の移り変わりに伴いその利用方法や価値を変化させてきた人々の姿を見つめることができる。

　大雪山系と接する山々には、多種の高山植物や氷河期から生き残るナキウサギが生息する。北海道の固有種をはじめとした昆虫の種類も豊富で、特有の地形を好むオオイチモンジなど約90種類の蝶が確認されている。日本最大の陸生哺乳類であるヒグマを頂点として、多種多様な生物種と出会うことができる。

移り変わる黒曜石の価値―白滝のジャガイモはなぜおいしいのか？

　ようやく雪が解けた5月、北海道の中でも遅い春を迎えた白滝の畑では、作物の植え付け前に毎年行われる地域の風物詩が始まる。それは、畑の石を取り除く「石拾い」である。石による機械のダメージを少しでも減らし、作物が少しでも良い条件の畑で育つことができるよう、ほとんどの畑で石拾いが行われる。毎年かなりの量の石を捨てているが、一向に減る気配がないという。畑から出てくるこの石を良く見てみると、角がとれやや丸くなっていることがわかる（Stop1、写真1）。この地域には、100万年前に火山活動があった北大雪の山々を源として、オホーツク海に注ぐ湧別川が流れている。その両岸には、湧別川が運んできた石がたまってできた河成段丘がよく発達している（写真2）。周囲を山に囲まれたこの地域では、数少ない平坦面である段丘面上に畑がつくられているため、かつての川が運んできた丸い石が畑の土から続々と出てくるのである。

　白滝地域における初の和人の入植は1891（明治24）年と伝えられている。その後1912（明治45・大正元）年に紀州団体をはじめとする本州からの団体入植があり開拓が本格化した。稲作に適さない土地だったため、当時からジャガイモが栽培された。

白滝黒曜石の形成　　河成段丘の形成　白滝遺跡群の形成
（220万年前〜）　　（13万年前〜）（3万年前〜）

新生代

10万　　　　　　1万　　　　　　　　　　　現在

写真1 「石拾い」で除去された畑の石（2014年8月撮影）

写真2 白滝地域の河成段丘（2010年8月撮影）

現在も白滝は冬の時期が長く、畑には石が多く、農業を営むには不利な「条件不利地域」である。しかし、品種改良や先人たちから受け継いだ営農努力が実り、農作物の品質と収量は北海道トップクラスである。特に、道内一標高が高い畑と言われる標高 300 m ～ 500 m の河成段丘面上で栽培されるジャガイモは、その冷涼な気候により病害虫を寄せ付けないため農薬の使用頻度が少なく健康に育つ。また、昼夜の寒暖差が大きいためでんぷん質が高くなり、甘みが増しておいしいのである。このジャガイモは、現在「白滝じゃが」としてブランド化され、市場を賑わしている。

　畑の石拾いでは、黒く光る石ころが見つかる。十勝石（とかちいし）と呼ばれるこの石は鋭い割れ口を持ち、時にはナイフのように鋭く加工されたモノが掘り起こされる。かつて馬による耕作を行っていた人々の話によれば、馬の蹄（ひづめ）を傷つける厄介者だったという。農作業の邪魔となるこれらのモノは、アイヌの人たちが残したヤジリといわれ、子供たちの宝物だった。

北海道にはいつごろ人がやってきたのか？

　白滝地域には、数は少ないがいくつかアイヌ語地名が残されている。中でも黒曜石にまつわる沢の名が特徴的である。現在、八号沢川と地形図に記される沢が「シュマ・フレ・ユーペッ（石が・赤い・湧別川）」、十勝石沢川が「アンジ・オ・ユーペッ（黒曜石・が多い・湧別川）」と呼ばれていた（山田 1977）。

　この黒曜石は、火山活動によってできた石であり、岩石学的には黒曜岩という種類の岩石である。北海道では、十勝石と言ったほうが馴染みが深い。この石は、湧別川とその段丘堆積物中に見られる。中でも、アイヌ語地名の残る沢と湧別川本流の合流点に形成された段丘面上では、加工されたモノがよく見つかる。

　こうした石器が白滝で発見されたのは 1923（大正 12）年のことである。その後 1927（昭和 2）年に白滝の遺跡発見者として、遠軽の遠間栄治（とおまえいじ）氏が考古学会で紹介された。遠間氏は、白滝で発見されるこれらの石器は、すでに知られていたヨーロッパの旧石器と酷似しているので、同じ時期のものと考えていた。

しかし、相沢忠洋が岩宿遺跡を発見するまでは、日本には旧石器時代の文化は存在しないと考えられていて、当時はアイヌの人たちの所持品という見解が支配的で、遠間氏の説は受け入れられなかったのである。

では、これらの石器は、誰の所持品だったのだろうか。段丘堆積物の露頭から、その謎を解く1つの鍵となる堆積物を見つける事ができる。それは北海道の中央部、白滝地域の南西側に位置する大雪火山の中心部にある御鉢平カルデラ（直径2km）を形成した時の大雪御鉢平軽石（Ds-Oh）という火山灰である。3万年前に御鉢平カルデラで発生した大噴火によって噴出し、この地に降り積もった。白滝地域における石器は、現在のところすべてこの火山灰と同じ層かそれより上の層から出土しているので、3万年前より新しい時期に残されたものということがわかる。

1995年より、高規格幹線道路が湧別川沿いの段丘面に建設されることとなり、本格的な遺跡の発掘調査が実施された。調査をしてみると、アイヌ語地名の残る沢と湧別川本流の合流点には大規模な遺跡が密集していることがわかった。人力による調査には2008年までの12年間が費やされた。合計22カ所の遺跡を発掘し、700万点以上、総重量13tにものぼる大量の石器が出土した。このうち90％以上が黒曜石でつくられた石器だった（写真3）。石器とともに出土した炭化物の年代測定が行われ、3万年前以降の旧石器時代の石器ということが確かめられた。この発掘調査によって、これまで不鮮明だった白滝地域の段丘面上に遺跡を形成した人々の姿が明らかとなったのである。

写真3 白滝の遺跡から出土した黒曜石石器の数々
（佐藤雅彦、2012年9月撮影）

この3万年前以降の時期の石器は、北海道内でも最も古い時期の出土事例にあたる。さらに、旧石器時代から縄文時代へと移行していく1万年前までの石器が連綿と途絶えることなく出土する状況も確認された。この期間、白滝産黒曜石でつくられた石器は北海道内各地に広がり、遠くサハリンや東北地方まで広がっていた。この黒曜石の石器は、当時の人々の移動や交流の足跡を示すとともに、白滝地域における黒曜石の獲得と加工が生業の中心に位置付けられていたことを示している。北海道では縄文時代以降も、本州から金属器がもたらされアイヌ文化が成立していくまで、黒曜石の石器が利用されていた。北海道へと人がやってきたころから近世まで、黒曜石は生活に欠かすことのできない重要な資源であったことが読み取れる。

　現在、遠間氏が収集した石器資料は北海道指定有形文化財として、さらに段丘面上の遺跡は国指定史跡（Stop 2）となり、その出土品の一部は重要文化財に指定されている。これらの資料は、白滝ジオパークの拠点施設であるジオパーク交流センター2階（遠軽町埋蔵文化財センター）に展示され見学することができる。

　白滝ジオパークでは、3万年前の旧石器人たちが生きた当時の自然環境を体感できるジオサイトがある。それは丸瀬布南部の風穴である（Stop 3、写真4）。ここには、数百万年前の古い時代に起きた複数回の火砕流の堆積物が分布する。この堆積物が固まってできた溶結凝灰岩の斜面には崖錐がつくられ、あちこちで風穴と呼ばれる現象が見られる。この風穴周辺では、夏でも2℃前後の地温が計測され、低温状態が維持されている（山川・清水 2013）。これらの場所では、アカエゾマツが繁茂し、その林床をミズゴケが覆う。標高わずか400mほどの地点でも、高山植物のエゾイソツツジやコケモモ

写真4　丸瀬布地域の武利風穴（2009年5月撮影）

写真5　丸瀬布地域の風穴周辺に生息するナキウサギ（2014年8月撮影）

の群落を見ることができ、ナキウサギの息づかいも聞こえてくる（写真5）。

　3万年前は氷期であり、北海道は現在の高山帯に近い自然環境だったのだろう。このような風穴周辺で観察できる自然が、旧石器人がくらした当時の段丘一面にも広がっていたはずである。

黒曜石はどのようにして形成されたのか？

　アイヌ語地名の残る沢と湧別川本流の合流点に遺跡が密集するのはなぜだろうか。沢を遡った山中にある巨大な黒曜石の露頭がその答えである（Stop 4、写真6）。旧石器人たちは、とにかく黒曜石から石器を製作した。それは、この地域の黒曜石の石器の出土量がとても多いことからわかる。

　彼らは河川から拾える石ころでは事足りず、沢を遡って黒曜石の基盤が露出している場所（露頭）までたどり着き、人の頭ほどもある大きな塊（角礫）を獲得していたようである。これは、露頭周辺の山中から石器が発見されていることから推測できる。黒曜石の露頭へ向かう最短ルートである沢と本流の合流部である段丘面が、長期間にわたって生活の拠点として選択されていたのである。

　この旧石器人の重要な資源だった白滝地域の黒曜石は、どのようにして形

写真6 八号沢上流に位置する黒曜石露頭 (2008年8月撮影)

成されたのであろうか。黒曜石は火山活動によって形成される天然のガラスである。現在、この地域で火山活動はないが、火山の遺産ともいえる黒曜石から、かつての火山活動の断片を読み取っていくことができる。

　写真6の露頭をよく観察すると、外側（表層）から内部に向かって、溶岩がバラバラに砕けた層、黒曜石の層、細かい気泡の痕や結晶を含む流紋岩層の3層からなっていることがわかる。興味深いことに、溶岩の全体ではなく、一部が黒曜石の層になっている。黒曜石を生み出したマグマは、有珠山などでも見られる粘り気の強いタイプ（流紋岩質）である。

　白滝の黒曜石溶岩を詳しく調べることで、黒曜石をつくる噴火についてわかってきたことがある。最近行われた十勝石沢溶岩（図2）の研究によると、マグマが噴火する際に、地下から地上に向って1日に1mほどの速さで進んできたことが明らかとなった（Sano et al. 2015）。このように非常にゆっくりとした速さで噴火した場合、マグマは結晶をつくることが一般的である。しかしながら、黒曜石はガラス質であり、結晶を含まない。ここに、黒曜石をめぐる大きな謎がある。ガラスという一見ありふれた物質だが、溶岩がガラ

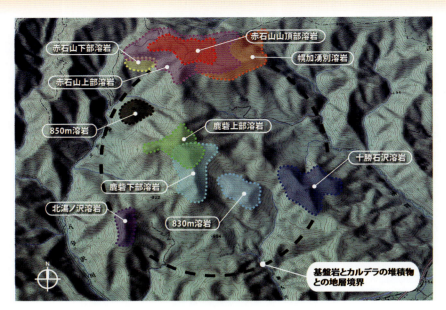

図2 白滝黒曜石溶岩の分布図（和田・佐野 2011を一部改変）

ス状に固まる過程やガラスそのものについては、解明されていないことが多いのである。

　こうした溶岩の露頭は異なる地点で確認されている。そして、それぞれの地点で、赤色や茶色が混じるもの（Stop 5、写真7）や、地元で「梨肌」と呼ばれるざらざらとした手触りがするものが産出し、その色調や質感に違いが見られる。それぞれの産出地点は独立した山をつくっており、それぞれが一度の噴火でつくられた火山であると考えられている。現在は、10カ所で溶岩が噴出していたと想定されている（図2）。黒曜石の色や質感の違いは、マグマそのものの違いや冷え方、噴出した場所の条件の違いがあらわれたものと考えている。

　この溶岩の噴出年代は、それぞれの地点で時間差はあるものの、220万年前に集中している。では、それ以前の白滝はどのような場所だったのだろうか。それを解き明かす鍵となる火山活動の痕跡を白滝周辺で見ることができる。たとえば、カルデラ壁と考えられる高角度で異なった地質が接する地層境界や、カルデラ内部を埋めた火山噴出物などである。明瞭な地形は残っ

ていないものの、白滝地域の黒曜石形成に先だって、カルデラを形成するような大規模な噴火が先行して起こっていた可能性が高いだろう。この地域の地質を調べると、黒曜石が形成される時期には北海道の東部を南北に縦断する地溝帯が形成されており、白滝地域はこの地溝帯の西端に

写真7　赤石山山頂部の黒曜石（2010年6月撮影）

あったことがわかっている。地溝帯は、地面が水平方向に引っ張られていたことを示しており、そのような場所では粘り気の強い溶岩は通常よりも上昇しやすかったと考えられている。

持続可能な資源の利用を考える－白滝ジオパークで伝えたいこと－

　氷期の北海道を生きた旧石器人たちは、1つの地に定住することなく、環境の変化によって獲物となる動物を追いながら広範囲を移動する生活をしていた。そんな彼らのくらしを支えたのが黒曜石という資源だった。

　現在の私たちのくらしも、多くの天然資源に支えられ成立している。しかし、旧石器時代と比較にならないほど人口は増加し、世界経済の成長に伴って資源の消費量も増加し続けている。これらの資源のほとんどは、長い年月をかけて地球の活動が生み出したものであり、埋蔵量に限りがある。

　これらの資源を失ったとき、私たちのくらしはどうなっていくのか、天然資源が形成されるまでにどのくらいの時間が必要なのかを白滝ジオパークでは伝えたいと考えている。黒曜石を通して、天然資源との上手な付き合い方を考え、現在の生活様式を今一度見つめ直してほしいのである。旧石器時代から命が紡がれてきたこの地で、鮮明に移り変わる北海道の四季とともに、大地の物語を感じていただきたい。

（熊谷　誠・杉山俊明）

【参考文献】
- Sano, K., Wada, K. and Sato, E. (2015) Rates of water exsolution and magma ascent inferred from microstructures and chemical analyses of the Tokachi-Ishizawa obsidian lava, Shirataki, northern Hokkaido, Japan. Journal of Volcanology and Geothermal Research 292, 29-40.
- 山川信之・清水長正（2013）北見山地南部・遠軽地域における風穴と低温現象．学芸地理 67, 47-55.
- 山田秀三（1977）黒曜石のアイヌ地名を尋ねて－昭和五十二年北見の旅のメモの中より－．北海道の文化 38, 31-38.
- 和田恵治・佐野恭平（2011）白滝黒曜石の化学組成と微細組織－原産地推定のための地質・岩石資料－．旧石器研究 7, 57-73.

【問い合わせ先】
- 白滝ジオパーク推進協議会　白滝総合支所内
  北海道紋別郡遠軽町白滝 138 番地 1　☎ 0158-48-2213
  http://geopark.engaru.jp/

【関連施設】
- 白滝ジオパーク交流センター／遠軽町埋蔵文化財センター
  北海道紋別郡遠軽町白滝 138 番地 1　☎ 0158-48-2213
- 丸瀬布昆虫生態館
  北海道紋別郡遠軽町丸瀬布上武利　☎ 0158-47-3927

【注意事項】
- Stop 1 の畑地は私有地となっていますので、見学や立ち入りの際には白滝ジオパーク交流センターまでお問い合わせください。
- Stop 4, 5 の黒曜石溶岩の露頭は国有林内に位置しています。立ち入りには事前の許可申請が必要であり、また、資源保護の観点から推進協議会のガイドが同行してのツアーでのみ見学が可能となっています。ツアーのお問合せ、申込みは白滝ジオパーク交流センターまでご連絡ください。

【地形図】
2.5 万分の 1 地形図「白滝」「旧白滝」「丸瀬布南部」「上武利」

【位置情報】
Stop 1：43°52'44" N,	143°08'05" E	上白滝
Stop 2：43°52'30" N,	143°07'37" E	白滝遺跡群
Stop 3：43°56'29" N,	143°18'00" E	武利風穴
Stop 4：43°56'17" N,	143°07'20" E	八号沢露頭
Stop 5：43°56'19" N,	143°08'23" E	赤石山山頂

コラム1 岩石

　「岩石」と聞いて、皆さんはなにを思い浮かべるだろうか。山肌にあらわれた巨大な露頭や岩、庭石や河原の砂利や小石、または宝石を思い浮かべる人もいるかもしれない。実際に「岩石」という言葉は、石や岩と同じような意味で使われることが多いようである。ただ、岩石という言葉はそれらと必ずしも同じ意味を示すものではない。宝石などの「鉱物」は化学式で表すことができ結晶構造を持つ、天然に産する無機質の固体を指す（水銀や一部の炭化水素鉱物などの例外もある）。それに対し岩石は、鉱物や化石、ガラスやほかの岩石の破片が固まったものを指す。融けて液体となった岩石（マグマ）が冷え固まったものも岩石と呼ぶ。大きさについて明確な定義はないが、「岩」は岩石の大きな破片、石は小さな破片を指す。

　岩石は、そのできかたから、火成岩、堆積岩、変成岩の3種類に大きく分けられる。火成岩はマグマが固まったりそれらが砕けたり融けたりしてほかの岩石と混合したものである。火山で見られる安山岩などの溶岩や地下でマグマがゆっくり固まった花崗岩などの深成岩は火成岩の一種である。堆積岩は、岩石の破片などが水底や陸上にたまり固まったものである。砂が固まった砂岩、泥が固まった泥岩、マグマが細かく砕けた破片である火山灰やそれが固まった凝灰岩、微細な生物の化石が集まった石灰岩などもまた、その形成過程からは堆積岩に分類される。変成岩は、すでに形成された岩石が、温度や圧力条件の変化によって別の岩石へと変化したものである。マグマと接触することで熱を受けて形成されるホルンフェルスなどの接触変成岩、構造運動などによって地下深部で高い温度圧力に晒されて形成される結晶片岩など広域変成岩、隕石の衝突など瞬間的な超高圧で形成される衝突変成岩などがある。

　岩石を詳しく観察したり、様々な分析を行うことで、その岩石やそれが含まれる地質や地形がいつどこでどのようにして形成されたのかを知ることができる。その意味で、岩石は地層や地形とともに、過去の地球がたどってきた歴史を解き明かす手がかりであると言える。

（廣瀬 亘）

④ 三笠ジオパーク

さあ行こう！1億年時間旅行へ

図1 三笠ジオパークの地形とStop位置図
北海道地図株式会社ジオアート『三笠ジオパーク』をもとに作成

ジオツアーコース

Stop 1：三笠で最初の坑口	旧幌内**炭鉱**音羽坑坑口
Stop 2：黒いダイヤ	**石炭**
Stop 3：地層が一気にタイムスリップ	ひとまたぎ5千万年
Stop 4：力強い大地の動き	垂直な地層
Stop 5：太古の海と生命の記憶	桂沢ダム原石山
Stop 6：日本最大の**アンモナイト**コレクション	三笠市立博物館
Stop 7：明治の要人たちが見た風景	達布山展望台
Stop 8：地球の恵みを味わう最高の一品	山﨑ワイナリー

ジオヒストリー	先カンブリア	古生代	中生代		新生代	
（年前）	46億	5億	2.5億	6600万		500万

アンモナイトの繁栄（1億年前）
石炭のもととなる湿地帯の形成（5000万年前）

三笠ジオパークは、北海道中央部に位置し、三笠市全域を範囲としている。この地は、1868（明治元）年、市内の幌内地区で石炭が発見されたことを契機に開拓された。まちの形成そのものが、大地の遺産と密接に関わってきた。三笠は化石のまちとしてもよく知られている。これは、石炭発見に伴って実施された地下資源調査の際、保存良好なアンモナイト化石が三笠周辺から産出することが判明したため化石のまちとしてもよく知られるようになった。以来、アンモナイトをはじめとする1億年前に生きていた生命の歴史に関する研究が盛んに行われるようになった。

三笠ジオパークでは、世界的にも有名なアンモナイトをはじめとする1億年前の生命の痕跡、石炭という大地の遺産を生活の糧として暮らしてきた炭鉱まち特有の文化を感じることができる。そして、アンモナイトが海を泳いでいた1億年前から、炭鉱まちとして栄えた現代まで、1億年時間旅行を気軽に楽しむことができる場所となっている。

なぜ、三笠に炭鉱ができたのか？

三笠は、北海道の石炭産業を象徴する幌内炭鉱が設置された場所として知られている。それは、三笠ジオパークの幌内エリアで大地の遺産である石炭が発見されたことによる。1868（明治元）年、石狩に住む木村吉太郎は、現在の三笠市幌内地区で偶然石炭の塊を発見した。木村はそれを珍しく思い石を持ち帰ったが、最初はこれが石炭であるとはわからなかったようである。1872（明治5）年になって、札幌に住む早川長十郎がこの話を聞きつけ、石炭の塊を数個掘り出し開拓使（北方開拓のために置かれた官庁）に届け出た。当時、開拓使にいた榎本武揚がその石炭を調べたところ、とても良質なものであることがわかり、その結果、1879（明治12）年に幌内地区の石炭を掘り出すため、官営幌内炭鉱が開鉱した。

以降、幌内炭鉱は北海道を代表する炭鉱として稼働し、閉山する1989（平成元）年までの110年間で5500万tもの石炭が採掘された。今も、幌内エリアには、かつての幌内炭鉱の遺構群が多く残されている。特に、旧幌内炭鉱音羽坑（Stop 1）は、1879（明治12）年に開拓使が設置した、三笠で最初に掘られた坑口である（写真1）。ここでは、1883（明治16）年から1894（明治27）年までの間、空知集治監（三笠に設置された刑務所）の囚人たちが働かされ、1日800〜1200人が石炭採掘に従事していた。北海道で唯一、囚人

写真1 旧音羽坑坑口
（2012年11月撮影）

写真2 5000万年前の地層中にある石炭層
（2012年9月撮影）

たちによる炭鉱での労役が行われ、過酷な労働の中で多くの囚人たちの命が失われた場所でもある。

　ではなぜ、三笠からは石炭が豊富に産出するのか。石炭は、主に河川周辺の湿地に生息していた植物が地層中に埋没して、長い時間をかけて高い温度と圧力によって変質した、燃える岩石である（写真2）。5000万年前、陸上となっていた現在の北海道の中央部には広大な湿地が広がっていた。この湿地に生息する植物が川底の地層（石狩層群）の中に埋もれてできたのが、三笠周辺の石炭層である（Stop 2）。北海道に分布する石炭層の年代は、4000～6000万年前に集中している。これは、そのころの気候が石炭のもととなる植物の生息に適した温暖な環境であったためと考えられる（図2）。

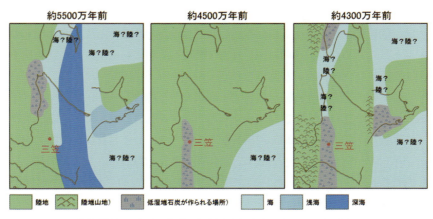

図2 5500～4300万年前の古地理図　飯島（1996）をもとに加筆修正

石炭とアンモナイトの"つながり"

　三笠は、アンモナイトをはじめとする1億年前の化石（古生物）が豊富に産出することから、化石のまちとしても知られている。古生物に関する研究は明治の中頃から行われており、これも石炭の発見と密接に関わっている。1868（明治元）年に三笠の幌内地区で石炭が発見されたことに伴い、幌内地区の炭層をはじめ蝦夷地に眠る地下資源調査が、1873（明治6）年から行われた。この調査を担ったのが、開拓使が米国から招いた地質学者、ベンジャミン・スミス・ライマン（1835-1920）である。ライマンの北海道における地質調査は1875（明治8）年まで行われ、その総まとめとして「日本蝦夷地質要略之図」を1876（明治9）年に表した（図3）。これは200万分の1の北海道地質図で、総合的な地質図としては日本で最初のものである。

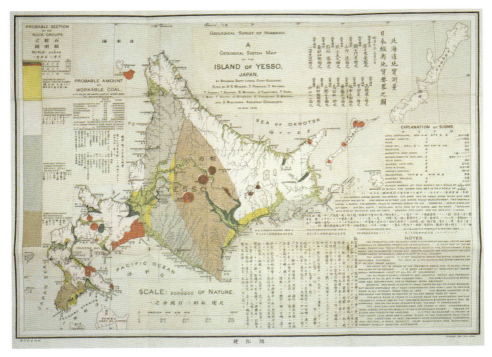

図3　日本蝦夷地質要略之図（北海道大学附属図書館蔵）

写真3 ひとまたぎ5千万年（2013年5月撮影）

　なぜ、ライマンは5000万年前の石炭層を調査していて、1億年前のアンモナイト化石を発見したのか。これには三笠周辺の地質の特徴が深く関わっている。それは、「ひとまたぎ5千万年」（Stop 3）で知ることができる（写真3）。三笠周辺では、5000万年前の地層（幾春別層）の隣に1億年前の地層（三笠層）が分布している。ふつう地層は、古いものから新しいものへと連続してつくられるものなので、1億年前の地層の上に5000万年前の地層が接することはない。これは、本来あるはずの5000万年分の地層が、1億年前から5000万年前の間に一度大地が陸化したことによって、侵食で削られてしまったためである。

　さらに、この付近の地層はほぼ鉛直に立った垂直な地層（Stop 4）となっている（写真4）。地層は、主に川や海などの水の中で砂や泥がつもって形成されるが、その時はほぼ水平である。しかし、大地は少しずつ動いており、これはその動きによって垂直になるまで地層が押し曲げられてできたものである。このような垂直な地層がこの付近では分布しているため、5000万年前の石炭層を調査していても、ほんのひとまたぎで1億年前の地層を観察す

写真4 垂直な地層（2012年6月撮影）

ることができる。だから、ライマンは炭層調査の折にアンモナイト化石を発見できたと考えられる。

　ライマンによる調査の後、北海道におけるアンモナイト研究が積極的に進められるようになり、現在では三笠は世界的にも有名なアンモナイト産地として知られている。当地におけるアンモナイトをはじめとする1億年前の生命の歴史に関する研究も、石炭の発見がきっかけだったのである。

1億年前の海の記憶と未来

　桂沢エリアは、アンモナイトが大繁栄していた1億年前の海の地層が分布している地域である。1億年前の北海道は、現在のような島ではなく、北海道の西半分は大陸（ユーラシア大陸）と一体となっていたと考えられる（図4）。この大陸の東側の海域の、北緯35〜45°付近の海底で砂や泥がつもった地層（蝦夷層群）が、三笠にある最も古い地層である。

　桂沢ダム原石山（Stop 5）では、浅い海の底でつもった地層をダイナミックに観察することができる（写真5）。この露頭では、地層の成り立ちや化石

を観察することができ、当時の海洋環境を詳しく知ることができる。

1億年前の地層から産出したアンモナイトをはじめとする化石とその研究成果は、三笠市立博物館に収蔵・展示されている（Stop 6、写真6）。この博物館は、市内の自然史、歴史、産業史などを保存するために、1979（昭和54）年に設置された総合博物館である。別名、化石の博物館と呼ばれ、三笠をはじめとする北海道産アンモナイト化石が約600点（80種）展示されており、国内最大のコレクションとして知られている。

図4　8000万年前の古地理図
日本列島の地質編集委員会編（1996）をもとに加筆修正

1億年前は、過去の地球の中でも特に温暖化の進行した時代の1つである。現在、地球温暖化が危惧されているが、過去の地球は何度も温暖化を経験している。したがって、1億年前のような過去の温室地球で起こった出来事を調べることは、今進みつつある温暖化の行く末を知ることにもつながる。過去が未来を教えてくれるのである。

写真5　桂沢ダム原石山（2012年6月撮影）

写真 6 三笠市立博物館

変動する大地とワイン

　達布山エリアにある展望台（Stop 7）からは、三笠ジオパーク全域と石狩平野を一望することができ、この地域における地形の特徴を知ることができる。アイヌ語のタプ・コプ（頂上の丸い山の意）を語源とする達布山は、標高約 144 m の小高い山である。明治の開拓期には、榎本武揚、山縣有朋など多くの要人たちが視察に訪れ、頂上から幌内鉄道（1882 年に石炭を輸送するために敷設された、幌内炭鉱と小樽手宮を結ぶ産業鉄道）などの開拓計画を立てたといわれている。

　展望台から南側を望むと、小高い 2 列の山を見ることができる（写真 7）。これらの山を構成する地質と達布山のそれとは同じで、硬い泥岩層（硬質頁岩層）からなっている（写真 8）。この硬い地層は、800 万年前に珪藻と呼ばれるガラス質の殻をもつ藻類が深い海の底に大量につもって形成されたと考えられている。そのため、周りの地層に比べて硬く、周囲が風雨によって侵食されても残ったため、小高い山になったと考えられる。さらに、山の間には、石狩低地東縁断層帯と呼ばれる活断層が南北に走っている。この活断

層帯は苫小牧沖まで続いており、東側が西側に対して相対的に隆起する逆断層となっている。そのため、2列の山を見ても、東側（写真7の左側）の山のほうが少し高い。

写真7　差別侵食と断層運動によってできた地形（2013年6月撮影）

写真8　達布山を構成する岩見沢層の硬質頁岩層（2012年7月撮影）

さて、達布山をはじめとする、これらの小高い山の斜面では、現在、ワイン用のぶどうが盛んに栽培されている。特に、三笠にある山﨑ワイナリー（Stop 8）は、2014年に公開された映画「ぶどうのなみだ」のモデルとなったワイナリーである。山﨑ワイナリーは、農家として日本で初めてワインの醸造免許を取得し、自身の農園で生産されたぶどうのみを使用したこだわりのワインを醸造・販売している。三笠の大地の恵みをたっぷりと吸ったぶどうによって醸造されたワインは、その年の三笠の気候や土壌の状態がそのまま風味として瓶に詰め込まれたものである。まさに、地球の恵みを味わう最高の一品といえる。

ジオパークで知る「過去」「現在」「未来」

三笠ジオパークは、アンモナイトが海を泳いでいた1億年前から、炭鉱まちとして栄えた現代までの1億年時間旅行を気軽に楽しむことができる。1億年の歴史を結びつけたものこそが、この地で発見された石炭であった。1868（明治元）年の石炭の発見も、人類が誕生するはるか以前の5000万年前に、石炭の元となる木々が生い茂る湿地が広がっていたからこそである。アンモナイトが豊富に産出し、その進化の歴史が解き明かされていることも、1億年前の海の地層が大地の動きによって地表に露出したからこそである。

こうした偶然ともいえる「過去」の歴史の積み重なりの上に「現在」がある。だからこそ、私たちは「過去」の大切さを知り、学び、それを教訓として、「未来」の人々へ地球の大切さを語り継いでいく必要がある。それが、ジオパークに課せられた大事な使命であると考えている。地球は決して人類のものだけではないのだから。

（栗原憲一）

【参考文献】
・飯島　東（1996）北海道の古第三系堆積盆の変遷．地学雑誌 105, 178-197.
・日本地質学会編（2010）『日本地方地質誌Ⅰ　北海道地方』朝倉書店
・日本列島の地質編集委員会編（1996）『コンピューターグラフィックス　日本列島の地質』丸善
・三笠市史編さん委員会編（1971）『三笠市史』三笠市

【問い合わせ先】
・三笠ジオパーク推進協議会事務局　三笠市役所商工観光課
　北海道三笠市幸町2　☎ 01267-2-3997
　http://www.city.mikasa.hokkaido.jp/geopark/

【関連施設】
・三笠市立博物館
　北海道三笠市幾春別 1-212-1　☎ 01267-6-7545
・三笠鉄道記念館（三笠鉄道村内）
　北海道三笠市幌内 2-287　☎ 01267-3-1123
・道の駅三笠（三笠市観光協会）
　北海道三笠市岡山 1056　☎ 01267-3-2828

【注意事項】
・Stop 5 の「桂沢ダム原石山」は、ジオツアー時以外立ち入り禁止です。
・冬期間（おおむね 11～4 月）は、積雪のためジオサイトは見学不可となります。
・散策路以外のところには立ち入らないでください。
・野草や樹木をいためたり、採取しないでください。
・岩石や地層をくずしたり、採取しないでください。
・昆虫や野生動物を採取しないでください。
・野生動物（ヒグマなど）には注意してください。

【地形図】
2.5 万分の 1 地形図「三笠(みかさ)」「幾春別(いくしゅんべつ)」「桂沢湖(かつらざわこ)」「芦別湖(あしべつこ)」

【位置情報】
Stop 1 : 43°13'15" N,　141°54'28" E　　　旧幌内炭鉱音羽坑坑口
Stop 2 : 43°15'37" N,　141°58'06" E　　　石炭
Stop 3 : 43°15'32" N,　141°58'10" E　　　ひとまたぎ 5 千万年
Stop 4 : 43°15'36" N,　141°58'08" E　　　垂直な地層
Stop 5 : 43°14'15" N,　141°59'26" E　　　桂沢ダム原石山
Stop 6 : 43°15'40" N,　141°57'46" E　　　三笠市立博物館
Stop 7 : 43°14'52" N,　141°50'25" E　　　達布山展望台
Stop 8 : 43°15'00" N,　141°49'58" E　　　山﨑ワイナリー

コラム2 化石

　化石（fossil）は過去の生命現象の遺物であり、過去の生物の存在と生物進化を具体的に示す唯一の物的証拠である。この「生命現象の遺物」とは、生物そのものの遺骸（写真1）と生活の痕跡（写真2）を指し、前者を体化石、後者を生痕化石という。では、過去に生きていた生物はすべて化石になったのだろうか。例えば、カタツムリとナメクジを比較してみると、両者は死後、身の部分（軟体部）は腐ってなくなる（分解される）が、カタツムリの殻だけは残る。これだけを考えてみても、硬い殻を持たない生物は化石になりにくい。化石記録はきわめて不完全であり、当時の生物群集を復元することは、実はとても難しいのである。

　化石記録は、実際にどれくらい不完全なのだろうか。現在までに報告されている現生の動植物は150〜200万種といわれる。一方、化石動植物の種数は25万種程度である。しかもこの数字は同時に生きていた種類の数ではなく、長い地質時代の中で出現した種類の合計である。いくつかの仮定を踏まえて計算すると、化石になった生物は、過去に生きていた全生物種の0.1％程度あるいはそれ以下と見積もられている。ほとんどが化石にならないのである。それでも化石は、過去の生物の生態や進化だけでなく、当時の環境や気候など貴重な情報を私たちに提供してくれる。

　地球は絶えず変動し、温室期と冷室期を繰り返している。今起こっていることやこれから起こり得ることは、過去にすでに起こっていたかもしれないのである。化石という過去の遺物を調べることは、未来を考えることにもつながる。まさに、「温故知新」である。

（栗原憲一）

写真1　ナウマンゾウの骨格化石（体化石）
（画像提供：北海道博物館）

写真2　ゾウの足跡化石（生痕化石）
（画像提供：北海道博物館）

⑤ とかち鹿追ジオパーク

寒冷地ならではの自然と農業

図1 然別湖周辺の地形とStop位置図
北海道地図株式会社ジオアート『とかち鹿追ジオパーク』をもとに作成

ジオツアーコース

Stop 1：なぜ、然別湖には固有種の魚が住むのか？	然別湖
Stop 2：**風穴**と高山植物群落	然別風穴地帯
Stop 3：アイヌ語の「シカリベツ」が意味する地形	扇ヶ原展望台
Stop 4：馬糞風を防ぐ防風林	大島亮吉記念碑
Stop 5：火山がつくった牧場の風景	**流れ山地形**

ジオヒストリー	先カンブリア	古生代	中生代	新生代
（年前） 46億	5億	2.5億	6600万	500万

とかち鹿追ジオパークは、北海道の屋根と呼ばれる大雪山の南東側、十勝平野の北部に位置する（図1）。第四紀につくられた火山地形や、寒冷な気候のもと生じる周氷河現象と生態系など貴重な自然が残る。夏に冷風を吹き出す風穴には小さな永久凍土があり、その上には最終氷期が終わって暖かい時代へと移り変わる気候変動を生き抜いた生き物たちが、独特の生態系をつくっている。

この独特の生態系を支えているのは、溶岩ドームの地形である。十勝平野北西部に生まれた溶岩ドームは、川をせき止め、天然のダム湖である然別湖を誕生させ、この地の生物に独自の進化を促した。また、崩れた溶岩が溶岩ドームを覆い、岩だらけの斜面が連続する独特の地形が広がった。岩の隙間には冷気がたまり、永久凍土が発達した。

然別火山群の山麓には、然別火山群や樽前山など道央の火山から飛来した火山灰が堆積している。ここでは、この火山灰土壌を活かした根菜類の畑作や、酪農が営まれている。冬の厳しい寒さを活かした農産物もまたこのジオパークの大きな魅力となっている。

なぜ、然別湖には固有種の魚が住むのか？

然別湖とその流入河川であるヤンベツ川は、世界でここだけに分布するイワナの仲間ミヤベイワナの生息地として、北海道の天然記念物に指定されている。なぜ、然別湖にだけ生息する淡水魚がいるのだろうか。その謎を解くために、然別湖北岸キャンプ場（Stop 1）へ行ってみよう。

キャンプ場の湖畔からは、然別火山群の溶岩ドームを湖越しに眺めることができる。山頂のとがった白雲山（標高1186 m）が、水を抑え込むように立ちふさがっている。白雲山は然別火山群の1つで、粘性が高く流れにくい安山岩質の溶岩が盛り上がって形成された溶岩ドームである。山頂部には、噴火当時の溶岩の塊が崩れずに残っており、そこだけ樹木が育っていない。白雲山の左隣（東側）には天望山（標高1173.9 m）、後ろ（南側）には東ヌプカウシヌプリ（標高1252.2 m）があり、狭い範囲にいくつもの溶岩ドームが密集している（写真1）。然別湖は、十勝平野へ向かってまっすぐ流れていた流路がこれらの溶岩ドームによってせき止められてできた、せき止め湖である。

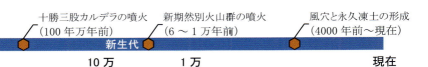

十勝三股カルデラの噴火　　新期然別火山群の噴火　　風穴と永久凍土の形成
（100万年前）　　　　　　（6〜1万年前）　　　　　（4000年前〜現在）

新生代

10万　　　　　1万　　　　　　　　　現在

写真1 然別湖と白雲山溶岩ドーム（2012年6月撮影）

　湖から流れ出る川は、溶岩ドームを西へ大きく迂回して流れ、十勝川へ合流するようになった。この川が現在の然別川である。これは6～1万年前の間の出来事である。

　火山活動によるせき止め湖の誕生は、生物に独自の進化を促した。それまで川と海を行き来していた降海型のマスであるオショロコマが湖に閉じ込められ、エラの一部（鰓耙(さいは)）が変化した亜種のミヤベイワナが生まれたのである（写真2）。秋になると、夏を湖で過ごしたミヤベイワナが、産卵のためヤンベツ川を遡上する姿を見ることができる。然別湖のミヤベイワナは、火山活動による河川のせき止めが魚の淡水湖への適応を促した、稀有な例である。

写真2 ミヤベイワナ（松本宏樹、2014年10月撮影）

風穴と高山植物群落

　然別湖から道道85号を通って鹿追へ向かうと、2車線あった道が1車線へと狭くなる。この境にある白雲橋から左側に入ると駐車スペースがある。ここには駒止湖の上をまわる遊歩道の入口がある（Stop 2）。遊歩道の入口に広がる森の様子を観察しよう。積み重なった岩は美しいコケに覆われ（写真3）、その上にエゾイソツツジやガンコウラン、コケモモなどの高山植物が覆い茂っている。積み重なった岩の隙間に手をかざしてみると、冷たい風を感じることができる。隙間の奥を見ると、氷が残っていることがある（写真4）。これが、夏から秋にかけて冷たい風を吹き出す風穴である。

　高山植物の群落は気温の低いところでよく発達する。気温は標高が高いほど低くなるので、高山植物もまた高いところで見られることが多い。北海道で最も標高の高い大雪山（最高峰：旭岳 標高2291 m）では、高山植物群落があらわれる森林限界は標高約1600 mにある。ところが同じ大雪山国立公園

写真3　然別風穴地帯のコケの森
日本蘚苔類学会の「日本の貴重なコケの森」にも選定されている（2010年9月撮影）

に含まれる然別火山群では、最高点でも標高1200 mと低いにも関わらず、高山植物群落を見ることができる。それも、アカエゾマツなどの高木や、湿原の植物であるミズゴケと一緒に生えている。なぜ、このような不思議な植生があらわれるのだろうか。

写真4 岩の隙間に残る氷
雪解け水が凍ることでつくられる（1997年8月撮影）

　この植物群落は、然別火山群の斜面に点在する風穴によって支えられている。然別では大きな岩が積み重なったガレ場（岩塊斜面）の隙間が風穴となっていて、そこから冷風が吹き出している。風穴からは真夏でも低い時は2℃程度の冷気が吹き出し、その奥には氷が残っている。この氷こそが、風穴から吹き出す冷風の源である。

　岩の隙間にある氷は、冬の寒さを蓄える保冷剤のような役割を果たしている。毎年冬になると、ガレ場は、-20℃にもなる外の冷たい空気を吸い込んでいる。この吸い込みは、ガレ場の地下と地上の温度差によって自

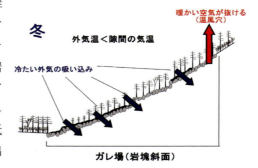
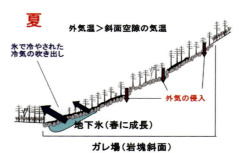

図2 然別風穴地帯で生じる空気対流と氷の成長
（澤田2009より引用）

然発生する空気の流れである（図2）。地下にある暖かい空気は外の冷たい空気より軽いので上昇し、斜面の上にある温風穴から外へ吹き出す。吹き出した空気のかわりに、下で吸い込みが起こり、ガレ場の温度は-10℃程度ま

で下がる。このよく冷えたガレ場の隙間に雪解け水が流れ込むと、岩の隙間に氷が成長する。この氷が冬の寒さを蓄えている。夏には逆に、外の空気に比べ冷たく重い空気が斜面の下にある風穴から吹き出している（図2）。

写真5 エゾナキウサギ（松本宏樹、2014年7月撮影）

　然別の風穴地帯では、春に成長した氷が融けずに少しずつ積み重なってできた、永久凍土の状態にある氷が見つかっている。その中には、4000年前の植物を含んだ氷もあり、日本で最も古い氷であると考えられている。

　風穴が生み出した高山植物とコケの森は、1万年前まで続いた最終氷期に十勝平野で広がっていた、永久凍土の森に似た姿を保っている、いわば氷期の博物館である。その代表的な生き物がエゾナキウサギである（写真5）。ガレ場に生息するエゾナキウサギは寒冷地に適応した動物で、北海道では日高山脈、大雪山と夕張・芦別山塊に広く分布する希少種（準絶滅危惧種）である。夏に涼しく、また捕食者からの隠れ場所となる風穴は、エゾナキウサギにとって格好の生息地となっている。運が良ければ、パートナーを確認するため鳴き交わす姿を見ることができるだろう。このジオサイトは、最終氷期からの気候変動を生き抜いた生き物たちに会える場所である。

火山を迂回する然別川

　然別湖から鹿追市街へ向かって進むと、長くカーブの連続した坂道を下るようになる。この道の途中、溶岩ドームの1つである西ヌプカウシヌプリ（標高1251m）の中腹に扇ヶ原展望台（Stop 3）がある。ここからの景色は素晴らしく、十勝平野の背後に日高山脈の峰々が連なり、遠く十勝川河口や太平洋も望むことができる。眺望を楽しんだら、視線を近いところへ移そう。ここには、2つの溶岩ドーム（東ヌプカウシヌプリ、西ヌプカウシヌプリ）の間に開く扇状地が広がっている。

扇ヶ原は、数奇な運命をたどった扇状地である。扇状地という地形には、でき方によって大きく2種類ある。河川が運搬する土砂が堆積した通常の扇状地と、火山から吹き出した火砕流や土石流が堆積した火山麓扇状地である。扇ヶ原ではこの2種類の扇状地が重なっている。

　然別川をせき止めた溶岩ドームが成長する前、川は現在の然別湖付近をまっすぐ南へと流れていた（旧然別川：図3）。現在の然別湖付近にあった渓谷を抜けた川は、十勝平野にでたところに大きな扇状地を形成した。現在の瓜幕台地である。その後、然別火山群の噴火活動によって次々に溶岩ドームが成長し、川は溶岩ドームを西に迂回して流れるようになった。溶岩ドームを大きく迂回する現在の然別川の誕生である。

　6～1万年前に起きた火山活動では、溶岩ドームを形成しながら火砕流や山体崩壊が繰り返し発生した。2つの溶岩ドームに挟まれた谷から十勝平野に向かって火山灰や軽石、溶岩の塊が扇型に堆積し、もともと河川がつくった扇状地の上に、火山麓扇状地が重なった。火山麓扇状地の上には、山体崩壊でばらばらになった山の破片が点在し、流れ山と呼ばれる小さな丘をつくっている。この起伏に富む地形は、現在は陸上自衛隊の演習場として利用されている。

溶岩ドーム群の噴火前（6万年以前）　　　噴火以降（6万年前～現在）

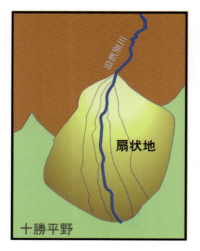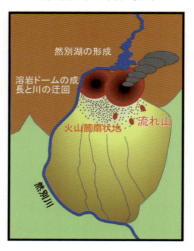

図3　溶岩ドームの成長で生じた火山麓扇状地の発達と然別川の移動

馬糞風を防ぐ防風林

　扇ヶ原展望台から鹿追市街へ進み、交差点から国道274号線に入る。この合流点に、大島亮吉記念碑（Stop 4）がある。大島亮吉は大正時代に活躍した登山家で、北アルプス奥穂高岳の冬季初登頂など日本の登山史に足跡を残している。大島は大雪山を訪れた際の紀行文で、西ヌプカウシヌプリから見た十勝平野の風景の中に、開拓者たちの努力を見た感嘆を記している。

　記念碑の場所からは、ビート畑と防風林の奥にそびえる2つのそっくりな山、西ヌプカウシヌプリと東ヌプカウシヌプリが毅然としてそびえている（写真6）。アイヌ語のヌプカウシヌプリは、「草原の上にそびえる山」という意味で、地元では夫婦山、坊主山とも呼ばれて親しまれている。

　アイヌが鹿を追いかけた草原は、開拓者によって畑と牧場へ生まれ変わった。記念碑周辺では、その苦労を垣間見ることができる。雪解けが進む春、十勝平野北部では山から吹き下ろす強風が吹くことが多い。作業に農耕馬を使った時代には、乾いた糞を巻き上げるので馬糞風と呼ばれ、蒔いたばかりの種子を巻き上げる被害が生じていた。その対策として、畑を囲うように防

写真6　大島亮吉記念碑から見た西ヌプカウシヌプリ（左）と東ヌプカウシヌプリ（右）
　ビート（甜菜）の畑の奥には、防風林のカラマツが並んでいる（2014年6月撮影）

風林がつくられた。農地の拡大によって、道内では伐採が進んでいるが、鹿追町内では、開拓当時に植えられたカラマツの防風林がよく保存されている。

火山がつくった牧場の風景

　国道274号を士幌方面へ4 km進むと、左側に「カントリーファーム風景」（Stop 5）の看板が見える。このソフトクリームのおいしいレストランを目指して左折して牧場の敷地内にあるジオサイト、東瓜幕流れ山地形を目指そう。

　乳牛が遊んでいる牧場は起伏に富んでいる。その中に、高さ5～10 m程度の小さな丘がいくつも並んでいる。この丘こそが、流れ山という火山地形である。牧場の正面にそびえる然別火山群で発生した溶岩ドームが大規模に崩れ落ちる山体崩壊という現象によって、ばらばらになった山の破片が流れてきたものである。この流れ山によってできた起伏の大きな土地は牧草地として使われている。乳牛は起伏の大きな牧草地で遊び、草を食むことでたくましく育っていく。

大地の恵みを味わう

　鹿追では、水はけのよい火山灰土壌を活かした根菜類や小麦、そばの生産が盛んである。鹿追市街には、この豊富な地元産の食材を使ったレストランが多く、それぞれに個性的なメニューが揃っている。

　道の駅しかおいでは、新鮮な野菜や鹿追のヨーグルト、チーズなど乳製品、養殖しているオショロコマの加工品など、鹿追の大地の恵みを格安で買うことができる。その中で特におすすめしたいのが「氷室貯蔵のじゃがいも」である。

　鹿追の冬は厳しい。−20℃にもなる寒さの中、雪に水を加えて氷のブロックをつくり、保冷倉庫に蓄える。春から秋には、冬に貯蔵した氷によって低温に保たれた倉庫で、農産物を貯蔵している。この氷室に貯蔵されたじゃがいもは、寒さで凍らないようにするため糖分が増える。そのためとても甘く、ふかしいもがスイートポテトのような味わいになる。

鹿追の火山灰土壌で生まれ、冬の寒さを利用した氷室で貯蔵されたじゃがいもは、とかち鹿追ジオパークのテーマ「火山と凍れが育む命の物語」を凝縮した一品である。道の駅で買うだけでなく、鹿追町内にある「カントリーパパ」などの農家レストランでは、このじゃがいもを使った料理を味わうことができる。滞在中に、ぜひ立ち寄り、鹿追の土の恵みを体験して欲しい。

（澤田結基）

【参考文献】
・澤田結基（2009）東大雪. 青木正博・目代邦康・澤田結基『地形がわかるフィールド図鑑』誠文堂新光社, 24-29.

【問い合わせ先】
・とかち鹿追ジオパーク推進協議会
　北海道河東郡鹿追町瓜幕西 29 線 28　☎ 0156-67-2089
　http://www.shikaoi-story.jp/

【関連施設】
・とかち鹿追ジオパーク会館
　北海道河東郡鹿追町瓜幕西 29 線 28　☎ 0156-67-2089
・然別湖ネイチャーセンター
　北海道河東郡鹿追町北瓜幕無番地（然別湖畔）　☎ 0156-69-8181

【注意事項】
・Stop 4 の東瓜幕流れ山地形は私有地の中にある。家畜の衛生管理が必要なので、見学が許可された場所の外側にある牧草地への立ち入りはできない。2015 年 5 月現在、展望台が計画中である。

【地形図】
2.5 万分の 1 地形図「東ヌプカウシヌプリ」「然別湖」「鹿追」「瓜幕」

【位置情報】
Stop 1：43°17'54"N，143°07'01"E　　ヤンベツ川河口
Stop 2：43°15'34"N，143°05'46"E　　然別風穴地帯
Stop 3：43°14'35"N，143°04'34"E　　扇ヶ原展望台
Stop 4：43°11'05"N，143°01'54"E　　大島亮吉記念碑
Stop 5：43°10'59"N，143°05'57"E　　東瓜幕流れ山地形

 金

　マルコポーロが700年前に書いた『東方見聞録』で、黄金の国ジパングと紹介されたのが、当時（鎌倉時代）の日本であったことはあまりにも有名である。日本については、「莫大な金を産出する」「宮殿や民家は黄金でできている」と書かれており、今の日本を知る私達にはにわかに信じることができない。しかしこの時代の日本は実際に、世界有数の金産出国であり、少なくとも江戸時代前期までは、日本は金輸出国だったのである。

　日本国内では奈良時代に東北地方（今の宮城県）で砂金鉱床が発見され、奈良の東大寺盧舎那仏像の表面の金メッキに使われたとの記録がある。その後、中世までは砂金が盛んに採取され、中尊寺金色堂で有名な奥州藤原氏の経済力の源となっていた。近世以降は鉱山からの採掘が主となり、新潟県の佐渡金山、岩手県の玉山金山、宮城県の大谷金山、山梨県の黒川金山や湯之奥金山など、近代からは北海道で鴻の舞金山や千歳鉱山などが稼行されていた。しかし、主要な鉱脈を掘り尽くしたり採掘中の事故が続発したことなどからほとんどが閉山し、現在は鹿児島県の菱刈鉱山のみが稼行されている。

　地球上の金属や非金属資源を産する鉱床は、鉱脈型鉱床、黒鉱鉱床、接触交代鉱床などさまざまなものが存在している。そのうち金は、浅熱水性鉱脈型鉱床と呼ばれるタイプの鉱床から産することが多いようである。これは、地下から上昇した高温・高圧の熱水が、より浅いところにある岩石の割れ目に脈状に入り込み、金・銀・銅などを含む鉱物が石英や長石などとともにその割れ目を沈殿物として充填したものである。熱水の起源は、地下に存在するマグマから分離する場合や、降雨や河川など地表の水が地下に浸透しマグマと反応することで熱水となる場合などがある。金鉱床は地下で形成されるため、地表からはどこに鉱床があるのか知ることは簡単ではない。ところが、日本は地殻変動が活発なため、長い時間はかかるものの、地下の岩石は地表付近にあらわれる。そのため、砂金や鉱脈、鉱脈の周辺に形成されることの多い熱水変質岩（熱水により周囲の岩石が変質したもの）を探すことで、金鉱床を見つけることができるのである。日本で金や銀などさまざまな金属・非金属鉱物が産するのも、日本が長期間にわたる火山活動の場であったこと、そして激しい地殻変動が起こる場であったためといえる。

（廣瀬　亘）

Ⅱ 東北地方

東北地方の概説

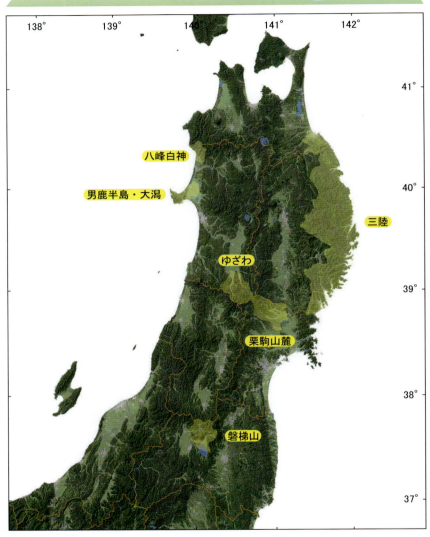

図1 東北地方の地形　黄色：日本ジオパーク
北海道地図株式会社「地形陰影図」に加筆

地形

　東北地方は、南北 530 km、東西 100 〜 180 km にわたる北北東－南南西方向にのびる細長いエリアで、その伸長方向にのびる 3 列の山並みと、その間をぬって流れる河川、そして河川沿いの盆地や平野からなる。さらに、日本海側の男鹿半島、飛島、粟島の連なりも、東北地方の大局的な地形の配列方向と一致する。

　太平洋側北部の北上山地と南部の阿武隈山地は、古い地質時代（1.5 〜 1.3 億年前）の付加体からなる山地であり、山の高さがそろっている。北上山地の太平洋岸は三陸海岸であり、リアス海岸という鋸歯状の入り組んだ海岸地形になっている。これは、三陸ジオパークを代表する地形である。ここでは、後氷期の海進によって陸側の谷に海水が入り込み、谷底が水没した。そして山側からの土砂の供給が少なかったため大きな平野がつくられず、このような海岸地形となった。

　東北地方の中央部に位置する奥羽山脈は、脊梁山脈とも呼ばれ、太平洋の日本海溝とほぼ平行にのびる長大な山脈である。この山脈には、岩手山、蔵王山、吾妻山、安達太良山などの火山が並ぶ。栗駒山麓ジオパークとゆざわジオパークの間に位置する栗駒山や磐梯山ジオパークの磐梯山もこうした火山の 1 つである。これらの火山をつくる地層は、隆起した山地をつくるしっかりした岩盤に比べると崩れやすい。磐梯山の馬蹄形カルデラや栗駒山の荒砥沢地すべりなどのような大規模な地すべり・崩壊地形が多いのもこの地域の特徴である。

　東北地方は、プレートの沈み込みに伴って水平方向に圧縮の力を受けているため、逆断層の動きによって山地は隆起し、その周囲は沈降している。花輪、横手、新庄、山形、米沢、会津などの内陸盆地は、その沈降によってつくられたものである。

（目代邦康）

図2 東北地方の地質
産業技術総合研究所 地質調査総合センター「20万分の1日本シームレス地質図」[CC BY-ND] に加筆
凡例は編者による

地質

　東北地方は、日本列島がまだアジア（ユーラシア）大陸の縁辺だったころに形成された地質を土台とし、その上をより新しい時代の様々な地質体が覆っている。土台となっている地質体は、ユーラシア大陸の下に海洋プレートが沈み込む際に海溝陸側の地下に掃き寄せられた膨大な砂や泥、プレートにのって運ばれてきた海洋性の堆積物からなる古生代〜中生代の付加帯堆積物、蛇紋岩、大陸棚で堆積した砂や泥などの堆積岩（北上山地の南部：南部北上帯）、それらに貫入する膨大な量の花崗岩である。これらは阿武隈山地や北上山地など太平洋側では広く観察できるが、奥羽山地より日本海側ではより新しい時代の地層に覆われ、白神山地など一部の地域を除き地下に伏在している。

　奥羽山脈から日本海側では、古第三紀末から新第三紀中新世にかけて起こった日本海の拡大形成に伴い噴出した膨大な火山岩と、その後の広域的な沈降によって堆積した堆積岩が分布する。火山岩は熱水変質により緑色となっていることが多く、「グリーンタフ」と呼ばれていた。秋田県や山形県ではこれらの火山岩の隙間に石油が胚胎し油田を形成し、そのほかの地域でも熱水活動により金や銀、マンガンや鉛など様々な鉱床が形成された。このような地質の発達史は東北日本の広範囲で同時に進行した。これらの地層を特によく観察できる男鹿半島（男鹿半島・大潟ジオパーク）では東北日本の地質の模式地として古くから盛んに研究が行われ、日本の地質学の発展に大きく寄与した。

　奥羽山地は現在も火山活動が活発である。日本海溝にほぼ平行に南北に並び、火山前線（火山フロント）をなしている。八甲田山や岩手山、栗駒山、磐梯山、それらから日本海側にまるで指のように分岐した枝の先に分布する寒風山、鳥海山などの活火山は最近も噴火を繰り返している。東北地方は、こうした噴火や地震、津波、地すべりなどさまざまな地質災害に繰り返し見舞われてきた。

（廣瀬　亘）

気候

　奥羽山脈の山並みは東北地方を東西に二分する。山脈の西側は日本海側の地域、東側は太平洋側の地域と呼ばれ、前者は青森県西部から、秋田県、山形県、福島県会津地方を指し、後者は青森県東部から岩手県、宮城県、福島県中通り、浜通りを指す。日本海側の地域では、冬季の多雪、夏季の晴天猛暑が特徴で、太平洋側の地域では、冬季の少雪、夏季の曇天冷涼が特徴である。

　日本海側は、世界有数の豪雪地帯であり、都市部でも１ｍを超える積雪は珍しくない。多雪の原因は、日本海の存在が大きい。大陸から日本列島に向かって吹く寒冷で乾燥した北西季節風が、日本海をわたる間に対馬暖流から水蒸気の供給を受けて積乱雲となり、日本海側に多くの雪を降らせる。そして奥羽山脈を超えて風下側となる太平洋側では、この時期に晴天となり山越えの乾燥した冷たい季節風が吹く。

　夏になると太平洋側では、オホーツク海からの冷たく湿った北東風、ヤマセが吹く。ヤマセは海霧を発生させ、太平洋岸は曇天の日が続いて日照時間が短くなる。この現象が強くあらわれると太平洋側では冷害が発生し、農作物に被害が及ぶ。日本海側ではヤマセは奥羽山脈に遮られ、小笠原高気圧からの南東風が山越えの際に乾燥した高温の風となる。そのため、夏季は晴天猛暑となり、短い夏でありながら農業の生産性は高い。

植生

　東北地方は、落葉広葉樹林帯に位置しており、山々を彩る秋の紅葉の美しさは大きな魅力の１つとなっている。落葉広葉樹林の中で東北の代表的な樹種はブナである。特に東北の中央を南北に走る奥羽山脈と、日本海側の飯豊山、朝日岳、月山、八峰白神ジオパークの白神山地などには広範囲に分布している。ブナは日本海側では純林を形成することが多く、太平洋側では、いろいろな樹種と混じりあって分布している。また、それぞれの林床を構成する植生も異なり、日本海側では常緑低木のヒメアオキ、エゾユズリハ、ユキツバキなどとチシマザサを伴う。これらの植物は匍匐することで日本海側の多雪に適応し、雪の保護によって生育地を広げてブナ林を構成する樹種と

なっている。一方太平洋側のブナ林では、こうした樹種は見られず、ササ類ではスズタケを伴う。

東北地方の山々は中部山岳に比べて低く、多雪であるため、植生の垂直分布では、飯豊山などの一部の山では亜高山帯にオオシラビソやシラビソなどの針葉樹林が存在せず、かわりにミネカエデやナナカマドなどの落葉広葉低木林が優占する偽高山帯（ぎこうざんたい）と呼ばれる植生帯が見られるところがある。

東北地方の海岸部は暖流の影響で比較的温暖であり、西日本に優占するヤブツバキやタブノキ、スダジイなどの常緑樹林が分布している。岩手県の大船渡付近は、ヤブツバキの北限の1つとして知られている。

歴史・文化

青森県の三内丸山遺跡の発掘により、出土する植物の種や動物の骨などから古環境が復元され、東北地方は縄文時代の温暖期（ヒプシサーマル期）に繁栄した地域の1つと考えられるようになった。また、田舎館村の垂柳（たれやなぎ）遺跡の発掘により、弥生時代には稲作がはじめられていたことが明らかになった。古代には東北に住む人々は蝦夷（えみし）と呼ばれ、肥沃で広大な土地には中央政権によって絶え間ない侵略が行われた。特に8世紀以降は、東北から奈良の東大寺大仏建立のための砂金の献上をきっかけに日本の産金地となった。12世紀には、東北の金山を押さえた奥州藤原氏によって平泉に壮大な都の建設が行われた。また平安時代には東北地方の美しい自然や風物が都人の心を捉え、東北各地に和歌に詠み込まれる景勝地、「歌枕」ができた。江戸時代には、松尾芭蕉がこの歌枕をたどり『奥の細道』を記している。また秋田県角館（かくのだて）市で生涯を閉じた菅江真澄（すがえますみ）は、東北の自然や風俗を克明に記録し、雪とともにたくましく生きる人々の生活も描いており、江戸時代の東北を知るための貴重な資料となっている。一方で、自然による災害も多く、冷害による飢饉の発生や、火山噴火や地震津波などの記録が数多く見られる。

（宮原育子）

❶ 男鹿半島・大潟ジオパーク

地形・地質の特性から生まれた風光明媚な自然と文化景観

図1　男鹿半島の地形とStop位置図
北海道地図株式会社ジオアート『男鹿半島・大潟ジオパーク』をもとに作成

ジオツアーコース

Stop 1：	地形を利用してできた山城	脇本城跡
Stop 2：	海水浴客がにぎわう洗濯板状の**波食棚**	鵜ノ崎海岸
Stop 3：	同じ地質で時代の異なる**海成段丘**	女川付近
Stop 4：	双六館跡	館山崎
Stop 5：	凝灰岩の風化による**タフォニ**	館山崎
Stop 6：	滝ノ頭**湧泉**	滝ノ頭
Stop 7：	先人の築いた遺産・長根堰	百川
Stop 8：	渡部斧松を祀る渡部神社、渡部斧松邸跡	渡部
Stop 9：	卓越風による**偏形樹**	大潟村

日本海の形成：西黒沢層
（1900万年前）

ジオヒストリー	先カンブリア	古生代	中生代		新生代
（年前） 46億		5億	2.5億	6600万	500万

男鹿半島・大潟ジオパークは、秋田県中央部日本海側に位置する（図1）。男鹿半島は地質学的には東北地方の新第三系の模式地として知られていて、東北地方をはじめ日本の地質学の発展に大きく貢献してきた。隣接する大潟地域は、日本の第二の湖であった八郎潟を大規模に干拓してできた広大な農地で知られる。日本における大規模農業の先駆けともいえ、日本の戦後の発展をたどることのできる場となっている。

地形を利用してできた山城

国指定史跡の脇本城跡は（Stop 1）、男鹿半島南東部の日本海に面した標高約100 mの丘陵に位置している（図1）。1570（元亀元）年、檜山安東（藤）氏（以下安東氏と記述）の愛季が湊安東氏を配下におさめ、1577（天正5）年に従来あった城を大規模に改修し居城したとされている。廃城時期は不明だが、1590（天正18）年豊臣秀吉による奥州仕置きと1602（慶長7）年佐竹義宣の秋田移封時の両説が考えられている。

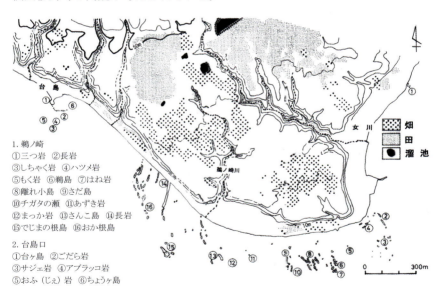

図2　台島～鵜ノ崎海岸の地形と土地利用

等高線10 m以上は更新世の海成段丘、等高線10 m以下は完新世の海成段丘。台島口（①～⑥）～鵜ノ崎（①～⑯）の地名は、夏井興一氏の未公表資料による。台島口～鵜ノ崎は、波食棚となっている。この図は満潮時を表現している。

写真1　内舘地区の脇本城跡（2009年6月撮影）

　この山城は、海成段丘や地すべり地形上に立地していることがわかっている（栗山2005）。海成段丘上には大規模な土塁や曲輪が、つくられている。土塁は、土を盛ってつくった土手のことで、防御施設としてつくられた。また、曲輪は、山の尾根や斜面を削って人工的につくりだした平坦面である。地すべりの滑落崖や二次滑落崖には、敵の侵入を防ぐため斜面を人工的に削った崖である切岸があり、移動土塊には曲輪が、滑落崖・二次滑落崖下には井戸跡がみられる（写真1、2）。地すべりの移動土塊は崩れやすいため、脇本城跡は時折集中豪雨があると一部で崩壊が起こっている。写真2のA、Bを比較してみると移動土塊の古い小崩壊地が2005年の8月14～15日の集中豪雨により再度崩壊していることが理解できる。

　現在、脇本城跡は発掘した箇所が刈り払われ、一面の草原として整備されている。そこには案内板が設置されており、山城の縄張りや地形を観察することで、いにしえの脇本城の歴史景観を偲び、学ぶことができる。

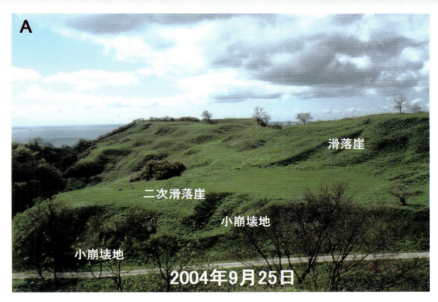

写真 2 脇本城跡（内舘地区の一部）の新旧の地形景観
（A：2004 年 9 月、B：2005 年 8 月撮影）

海水浴客でにぎわう鵜ノ崎海岸の波食棚

　標高 30 m の海成段丘上から日本の渚百選に選ばれている鵜ノ崎海岸の典型的な波食棚を眺めることができる（Stop 2、写真 3）。波食棚は潮間帯となっており、夏季になると家族連れが海水浴を楽しんでいる。春の大潮の干潮時には陸化するため、波食棚の地形や地質構造の特性を観察することができる。

　この波食棚では、それを構成する新第三紀中新世の女川層の褶曲構造が明瞭にみられる。女川層では、硬さの異なる珪質頁岩とそれにレンズ状に挟まれるマグネシウムに富んだ泥岩（苦灰質泥灰岩）が層状に重なり、風化や侵食に対する抵抗力の差によって洗濯板状の地形がつくられている。また、珪質頁岩に挟まれるノジュールが侵食から取り残されてできた、小さいドーム状の微地形がみられる。これらの高まりは、満潮時には冠水することなく海面から顔をだし、女川層の褶曲構造とともに、鵜ノ崎海岸独特の地形景観を形成している。独特の景観はここに住む人々の目を引いたのか、それらの岩礁にはユニークな名前が命名されている（図 2）。また、大型レンズ状苦灰質泥灰岩には甌穴（ポットホール）が発達していて、子供たちの絶好の遊び場になっている。

写真 3　鵜ノ崎海岸の完新世段丘と波食棚（2008 年 5 月撮影）

男鹿半島南海岸の海成段丘

　男鹿半島は、典型的な海成段丘が発達する場所でもある。鵜ノ崎海岸背後には女川層の珪質頁岩を基盤とする5段の海成段丘が発達している（Stop 3、写真4）。どの段丘も同じ女川層の珪質頁岩を基盤としているため、形成された時代による地形の侵食の差を観察することができる。海面からの高さが低い段丘は比較的新しく、平坦な段丘面や切り立った段丘崖がよく保存されている。一方、海面からの高さが高い段丘面はより形成から時間がたっているため、その後の地殻変動により段丘面はより傾き、侵食によって段丘面は丸みを帯びている。

　段丘面の土地利用は、段丘地形が高乾地という特性から畑が耕作されている。農作物の種類は、トマト、ジャガイモ、トウモロコシ、ネギなど多種多様であり、これらは自給作物として栽培されている。また、段丘面の上は水を得にくいため、沢から水を引き、また雨水を利用し、ため池を作って水田

写真4　台島付近の海成段丘（2008年8月撮影）

に必要な水を確保している（図2）。しかし、近年は住民の高齢化と若者が後を継がないため耕作放棄地が増加している。

女川や台島といった多くの集落は最も低い完新世段丘上に立地する。一方、より高い更新世の海成段丘面には宅地が少なく畑地や林地として利用されている（図2）。宅地化があまり進んでいない更新世の海成段丘面の景観を眺めると、日本の原風景をみているような気がする。

館山崎の山城と凝灰岩

館山崎の標高約40 mの海成段丘上に双六館跡（御前落の館）と呼ばれている戦国時代の山城跡がある（Stop 4）。この山城は典型的な臨海館跡で、南から上台、下台、陣場の三曲輪（郭）で構成され、これらは城や館を守るために溝状に掘られた水のない施設である空堀で境されている（写真5）。

双六館の館主は安倍千寿丸と伝えられている。双六館は16世紀にこの地で相次いでおこなわれた合戦（檜山、湊合戦）のあおりを受けて落城したと伝えられている。「御前落の館」の名は落城の際に、館主の妻が身を海に投じた故事にちなんで名付けられている。

写真5 館山崎の奇岩と山城の景観（2009年6月撮影）

館山崎の海食崖は、軽石や礫が多く混じる白っぽい凝灰岩でできている（Stop 5）。崖には凹凸に富んだ複雑な形をしており、蜂の巣を思わせるような穴がたくさん空いている（写真6）。このような構造は、タフォニや蜂の巣構造と呼ばれ、海水に含まれる塩類が岩石の表面に付着することによって風化が進み生まれたものである。潮瀬崎でみられるタフォニの発達した奇岩は映画のゴジラを思わせる姿をしていることから、ゴジラ岩と名付けられ観光地となっている。

　館山崎の海食崖に発達する凝灰岩とその上の段丘面に立地する双六館の景観（写真5）からは、脇本城とは違った意味で、地形景観といにしえの歴史景観を偲ぶことができる。

写真6　館山崎のタフォニ（2012年9月撮影）

先人の築いた遺産

　男鹿半島の付け根に位置する寒風山（標高 345.8 m）の山麓には、多くの湧泉がみられる。そのうち、最も湧出量の多い湧泉が寒風山北麓の滝ノ頭湧泉である（Stop 6）。滝ノ頭湧泉は寒風山の溶岩の隙間から、滝のような轟音を立てて流れ出ており、この地域の農業用水や、水道水源として利用されている。滝ノ頭湧泉地は遊歩道が整備されており、市内外の人たちが観察にきたり、水を汲みにきたりしている。

　1819（文政2）年、檜山（現能代市檜山）の足軽出身である渡部斧松（1793～1856）は叔父・惣治（1777～1825）と相談の上、八郎潟西部の低湿地の原野であった鳥居長根地区（現在の渡部集落）を開発するために滝ノ頭湧泉に着目し、総延長 7.86 km の長根堰（渡部堰）をつくった（図3）。

　長根堰は、滝ノ頭湧泉から百川間の山間部の中心にあたる 285 m を穴堰で結び、樽沢から鳥居長根地区までは流し堀工法によって開削された。穴堰の掘削は、崩れやすい地質のため難工事となり、6名の作業員が殉難している。当時の穴堰のあった箇所は、現在はすべて崩落し、山が切り割られた形となっている。

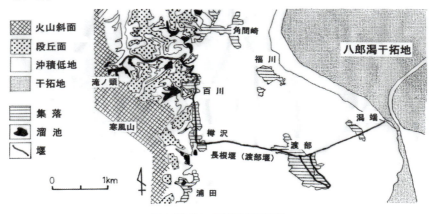

図3　滝ノ頭、長根堰と渡部集落

写真 7　百川集落の長根堰（渡部堰）と洗い場（2014 年 7 月撮影）

　流し堀工法は、土壌が砂質であるのを利用して、水路の道筋の 1 間ごとに 1 人の人足を配置してから水を放流し、その水勢を利用して鍬で砂土をかきながら水路をつくる方法である。この方法は、斧松が樽沢から渡部に至る水路をつくるときに考え出したものである（川原 1999）。この工事によって、堰掘削と同時に大量の砂土が、八郎潟南西湖岸に流入し、新たな造成地（現在の潟端集落）を誕生させることになった。百川や樽沢集落の長根堰には今でも洗い場があり（Stop 7、写真 7）、住民が生活の場としてとして利用してきた。また、渡部集落には斧松を祀る渡部神社や渡部斧松宅跡が残り、今も手厚く祀られている（Stop 8）。先人の努力や苦労を感じてもらいたい。

風の影響による新しい気候景観

　大潟地域は、日本で第二の湖であった八郎潟を干拓してできた新しい大地である（Stop 9）。1957 年からおこなわれた干拓工事で全面積の約 5 分の 4 が陸となり、1964 年に大潟村が誕生した。この年には、男鹿半島沖地震（M 6.1）、新潟地震（M 7.5）が起きている。男鹿半島沖地震では、干拓堤防の沈下や破壊が生じ、西部堤防が最大で 1.7 m 沈下した。

写真8 大潟地域、クロマツの偏形樹（2012年8月撮影）

　干拓から数十年が経過するにつれ、大潟地域では新しい生態系が形成され、生物相も変化してきた。1966年以降には、クロマツ、セイヨウハコヤナギが保安林（防災林）として道路沿いに植栽され、数十年間の卓越風によって偏形樹となっている（写真8）。これは、大潟地域の気候景観であり文化景観といえる。

男鹿半島・大潟ジオパークで感じてもらいたいこと

　男鹿半島や大潟地域には、毎年観光客が訪れていて、多種多様な景観を見て楽しんでいる。しかし、一歩進めて、男鹿半島の地質や地形がなぜそこにあるのか、どのようにしてできたのか、そして、それが人間の歴史・文化の形成、生活とどのような係わりがあったのか感じて学んでもらいたい。また、大潟地域では、干拓によって形成された新しい自然環境がどのようなものであるのか感じてもらいたい。

（栗山知士）

【参考文献】
- 秋田県文化財保護協会（1981）『秋田県の中世城館』
- 川原幸徳（1999）秋田藩第一の開拓事業家，渡部斧松．「水土を開いた人びと」編集委員会・（社）農業土木学会編『水土を開いた人びと』農文協, 50-56.
- 栗山知士（2005）男鹿半島，脇本城跡の立地に関わる地形．男鹿市文化財調査報告書第29集『国指定史跡脇本城跡－船川港重要港湾道路改修に係わる埋蔵文化財調査報告書－』男鹿市教育委員会, 4-11.
- 佐々木 厚・照井紀一（1988）八郎潟干拓地の卓越風－「八郎潟の自然史」展によせて－．秋田県立博物館研究報告 13, 13-20.

【問い合わせ先】
- 男鹿半島・大潟ジオパーク推進協議会
  秋田県男鹿市船川港船川字泉台 66-1 男鹿市教育委員会生涯学習課ジオパーク推進班 ☎ 0185-24-9104
  http://www.oga-ogata-geo.jp/

【関連施設】
- 男鹿市ジオパーク学習センター
  男鹿市角間崎家ノ下 452 男鹿市役所若美庁舎 2 階 ☎ 0185-46-4110
- 男鹿半島・大潟ジオパークビジターセンター
  男鹿市船越一向 207-219 男鹿総合観光案内所 ☎ 0185-35-5300
- 大潟村干拓博物館
  南秋田郡大潟村字西 5-2 ☎ 0185-22-4113

【地形図】
2.5 万分の 1 地形図 「船川」「寒風山」「船越」「五城目」「大潟」

【位置情報】
Stop 1：39°54'58"N, 139°53'30"E　脇本城跡
Stop 2：39°51'31"N, 139°48'28"E　鵜ノ崎海岸
Stop 3：39°51'46"N, 139°48'15"E　女川付近
Stop 4：39°51'39"N, 139°46'25"E　館山崎
Stop 5：39°51'44"N, 139°46'14"E　館山崎
Stop 6：39°57'09"N, 139°53'08"E　滝ノ頭
Stop 7：39°56'40"N, 139°54'18"E　百川
Stop 8：39°56'12"N, 139°55'40"E　渡部
Stop 9：39°59'28"N, 139°59'20"E　大潟村

❷ 磐梯山ジオパーク

岩なだれが作った美しい景観と災害の歴史

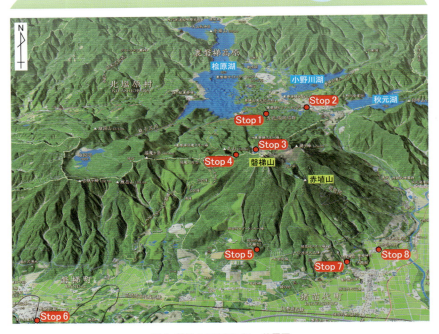

図1 磐梯山の地形とStop位置図
北海道地図株式会社ジオアート『磐梯山ジオパーク』をもとに作成

ジオツアーコース

Stop 1：1888年の噴火がつくった　　　　　　　　　裏磐梯**湖沼群**
Stop 2：遠藤現夢らが植える　　　　　　　　　　　**アカマツ林**
Stop 3：**火口壁**を一望　　　　　　　　　　　　　銅沼
Stop 4：古くは湯治場であった温泉地　　　　　　　中の湯
Stop 5：猪苗代湖はどうしてできたのか　　　　　　天鏡台
Stop 6：4万年前の磐梯山の噴火　　　　　　　　　翁島**流れ山**
Stop 7：初代会津藩主保科正之が眠る　　　　　　　土津神社
Stop 8：磐梯山の**岩なだれ**が運ぶ　　　　　　　　見祢の大石

ジオヒストリー	先カンブリア	古生代	中生代	新生代
（年前） 46億		5億　2.5億	6600万	500万

磐梯山は福島県の中央にある猪苗代湖のすぐ北側に位置し、70万年前に活動を開始した活火山である（図1）。安山岩質の成層火山で、大磐梯（標高1816 m）・櫛ヶ峰（標高1650 m）・赤埴山（標高1450 m）の3つの山の総称である。磐梯山の東側には東北の脊梁山脈である奥羽山脈があり、北東に吾妻山、東に安達太良山など活火山が密集している地域でもある。磐梯山ジオパークは、「磐梯火山の誕生と変遷、岩なだれ（専門的には岩屑なだれと呼ばれている）がもたらした大規模な地形と自然環境の変化」をメインテーマとし、磐梯山を中心として東西30 km、南北30 kmの地域から構成されている。

　磐梯山は南側から見ると裾野を引いた美しい成層火山の典型的な形をしているが、北側から見ると荒々しい火口壁がそそり立つ山体が迫ってくる。これは、1888年の噴火で、当時大磐梯の北側にあった小磐梯が水蒸気爆発により山体崩壊を起こし、北山麓に岩なだれとなって流れ下って形成されたためである。この時の噴火では477人が犠牲となり、明治以降では日本における最大の火山災害となった。一方、この噴火は美しい景観を作り出した。それによりこの地域は、1950年に磐梯朝日国立公園に指定されている。

誕生から120年余りの地域

　磐梯山北側の裏磐梯湖沼群地域は、噴火後の120年余りで動植物などの自然が再生した地域である。この湖沼群は1888年の小磐梯の山体崩壊が岩なだれとなり流下した際に、川がせき止められてできた地形である。東西約12 km、南北約12 kmの範囲に、桧原湖、小野川湖、秋元湖をはじめとして300余りの湖沼が点在している。その中でも磐梯山を訪れるほとんどの人が必ず立ち寄る場所が五色沼である（Stop 1）。5つの色の沼があるわけではなく、毘沙門沼や瑠璃沼など十数個の沼が、4 kmの遊歩道沿いに散在している。沼に溶け込む微細な粒子の濃度差により、それぞれの沼は少しずつ色合いが異なって見える。また同じ沼でも季節や時間帯によっては、微妙な色彩の違いを見せてくれる。この五色沼のそばに、動植物を中心に紹介する裏磐梯ビジターセンターがあり、約1.5 kmの位置に火山を紹介する磐梯山噴火記念館がある。

　この遊歩道の周辺には植林されたアカマツの林が広がっている（Stop 2）。裏磐梯の現在の景観は、自然の力そのものによる回復と人間の活動によって

作り出されたものである。この地域は国有地であったため、国は噴火後の事業として民間人に土地を貸しだし、植林に成功した場合、国有地を安く払い下げるということを行った。何人かが試み、途中で財産を失う者もいたが、最後にこの植林事業を成功させたのは会津若松出身の遠藤現夢（十次郎）であった。彼は林学博士の中村弥六の指導のもと、五色沼周辺に最も適しているアカマツを10年の歳月をかけて植林した。五色沼の最も西に弥六沼という名の沼があるが、これは中村弥六の名にちなんでいる。遠藤現夢の墓は、五色沼の青沼の北にある大きな岩である。

活火山を強く感じる

　火山活動によってできた直径2 km以上の凹地地形をカルデラというが、磐梯山の場合は上空から見ると北側に開いたU字形をしているため、馬蹄形カルデラと言われる（写真1）。裏磐梯スキー場のゲレンデを登り、リフト終点で振り返り北側を見ると、噴火で形成された東西0.6 km、南北3 kmの箱状谷地形（アバランシュバレー）の先に、無数の小山（流れ山地形）と桧原湖を遠望することができる。小磐梯の崩壊した山体は時速数十 kmという高速で山麓へ向かって流れ下ったため、北側の集落には数分で到達し、壊滅的被害を与えた。この馬蹄形カルデラは、1888年の噴火による崩壊物質が斜面を滑走する際に、摩擦により斜面の一部が崩壊物質に引きずられながら抜け落ちたために出現したと考えられる（内閣府中央防災会議 2005）。

　磐梯山の噴火は明治の中期に起こった。欧米の学問を取り入れるため、お雇い外国人教師から教わる時代から、日本人が教える時代に変わろうとしていた時期である。帝国大学理科大学（現在の東京大学理学部）教授の関谷清景は、数人の研究者を連れて噴火後に磐梯山の調査に入った。日本で初めて科学的に調査された火山が磐梯山なのである。関谷は、水蒸気爆発により山体が崩壊し、それが岩なだれとなって北麓を流れ下った現象を「磐梯山式噴火」と命名した。この名称は世界的に知られている。

　リフト終点から藪の中を10分ほど歩くと銅沼である（Stop 3）。いきなり視界が開け、磐梯山の荒々しいカルデラ壁が迫ってくる。沼の対岸では噴気活動が活発であり、ここに立つと磐梯山は活火山であると実感する。このカ

写真 1　北側の上空から見た磐梯山（アジア航測、1984 年 9 月撮影）

ルデラ壁を眺めると、上半分には少し傾いた層がたくさん見える。これは無数に積み重なった安山岩溶岩と火山砕屑物の層である。ここは、磐梯山の内部構造を見学できる貴重な場所である。

　銅沼は pH 3 の強酸性の沼で、鉄、アルミニウム、マンガンなどの金属イオンが多量に溶け込んでいる。湖底には水酸化鉄を含む赤い泥が堆積しているため、全体的に赤茶けて見えることから赤泥沼とも呼ばれた。銅沼の水は地下を通り北側の五色沼湖沼群の水源の一部となっている。

　関谷清景の同行者の中にはイギリス人教師の W・K・バルトンがいた。彼は写真の専門家でもあったため、彼の撮影した写真が現在も多数残されている。その中の 1 枚が銅沼から磐梯山を写している写真（写真 2）で、噴火直後にすでにこの銅沼が形成されていたことがわかる。

銅沼から30分ほど登ると中の湯に到着する（Stop 4）。現在、この温泉は廃業しているが、噴火以前は県外からも多くの人が訪れる湯治場としてにぎわっていた。その当時、中の湯で噴火を体験した1人に鶴巻浄賢という新潟のお坊さんがいて、次のように報告している（福島県立博物館ほか 2008）。

「7時半頃より大地震となり、驚いて全員が小屋より飛び出した。湯気の出る所から大きな音が聞こえ、黒い煙が一度に立昇り、山崩れの音はすさまじかっ

写真2　噴火直後の磐梯山
（バルトン撮影：国立科学博物館提供、1888年7月撮影）

た。黒い煙が空を覆い、大小の石が絶え間なく落ちてきて、四方に逃げ出し全員地面に伏せた。暗闇となり、地震は止まらず、耳、目、鼻、口などに土砂が入り、声を出すことも吐き出すこともできなかった。その後、石が落ちてくることも収まり、暗闇も薄らぎ、急いで逃げ出すと、2番目の破裂があり、次に3番目の破裂があり、土砂だけが体にかかり、噴石はなかった。」

　この証言から、磐梯山の噴火は数回以上にわたり、特に最初の噴火の規模が大きかったことがわかる。岩なだれの研究は、1980年に北米のセントヘレンズ山が噴火したことで大きく進み、今では、成層火山の多くで、数万年に一度の割合で発生するということがわかっている。

過去の巨大噴火と会津仏教

　天鏡台は、磐梯山の南側の中腹、標高700～800 mに位置する公園である（Stop 5）。1970年に昭和天皇による植樹祭が開催された場所で、昭和の森とも言われる。南側には猪苗代湖が広がり、東側には南北に川桁山地が連なる。実はこの川桁山地は東側に隆起する逆断層により生じたもので、福島県の南

部にのびる棚倉断層とつながっている。猪苗代湖は、4万年前の磐梯山の噴火と川桁断層の2つの要因が重なって、せき止められてできたと考えられている。この天鏡台から西側へ2kmほど行くと猪苗代リゾートスキー場のゲレンデとなる。このゲレンデから南を望むと、4万年前の磐梯山の噴火時に起こった翁島岩なだれによる流れ山地形が広がる。この時の噴火は磐梯山の噴火では最大規模であった。猪苗代町から会津若松市には磐越西線という鉄道が走っているが、この線路が猪苗代町の西側にくると蛇行をはじめる。それは、翁島岩なだれによる大きな流れ山地形が直進することを妨げているからである。

　磐梯火山南西麓は磐梯町に属する。この磐梯町は、今では3000人余りの小さな町だが、平安時代には会津地方でも規模の大きな町であった。磐梯山はもともと山岳信仰の対象の山であった。神々が宿る霊山としての磐梯山の麓に、出家者は修行の地を求めた。徳一という僧は、慧日寺（写真3）という寺を建立し、修行の基地とした。彼は、平安時代の初期、最澄や空海などと教学論争を行い、当時辺境の地であった会津を日本全国に知らしめた。

　創建以来、この慧日寺が大きく繁栄したことは、新編会津風土記にも記さ

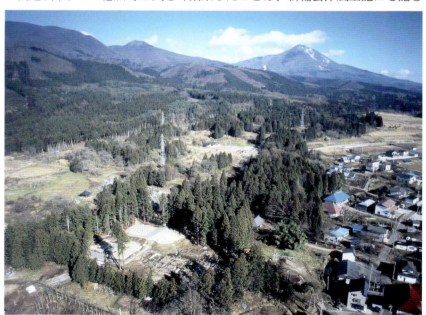

写真3　空撮による慧日寺跡（画像提供：磐梯山慧日寺資料館、2004年12月撮影）

れていて、絹本着色恵日寺絵図を見るとその隆盛が忍ばれる。明治の初めに廃寺となり、寺跡は慧日寺跡として 1970（昭和 45）年に国の史跡に指定された。磐梯山は慧日寺の建立により、神の山から仏の山へ変容していったのであろう。この徳一の会津仏教については、磐梯山慧日寺資料館で詳しく学ぶことができる。

　磐梯町駅周辺では、翁島岩なだれによる流れ山の内部を観察できる（Stop 6）。安山岩の大きな岩（岩塊相）のまわりを、さまざまな種類の岩片と泥が混在した堆積物（基地層）が埋めている。こうした構造は岩なだれ堆積物に特徴的にみられる。

保科正之が眠る土津神社と見祢の大石

　猪苗代町には会津藩の初代藩主保科正之が眠る土津神社がある（Stop 7）。彼は徳川三代将軍家光の異母弟で、成人以降はほとんど江戸で暮らしたが、名君としても名高い。彼は亡くなる前年に猪苗代を訪れ、自分の墓所を決めた。その理由は磐梯山と猪苗代湖を眺めるのに、とてもよい場所であることと、会津地方で最も古い神社である磐椅神社がそばにあったからである。彼は神道を深く信仰していて、磐椅神社の末社として会津地方を見渡せるこの場所に眠ることを望んだ。ここは 20 万年前の赤埴山の火山活動で、噴出した溶岩が堆積してできた場所である。一方、17 世紀につくられた土津神社は、当時日光東照宮にも勝るとも劣らない素晴らしい作りであったが、戊辰戦争で焼かれてしまい、現在は小規模なものとなっている。

　磐梯山の 1888 年の噴火は、北側に被害を与えたことで有名であるが、同時に南東側、つまり猪苗代へも被害を与えた（図 2）。沼ノ平火口から琵琶沢を下り、南に方向を変えて大石が到達した場所が見祢という集落になる。現在は民家の庭石になっているが、高さ 3.1 m で幅が 8.2 m の大きな石であった。これが「見祢の大石」として 1941（昭和 16）年に国の天然記念物に指定された（Stop 8）。ここは、猪苗代の町中から数 km の位置にあるため、噴火直後には多くの人々が調査や新聞報道のため訪れた。その案内を役場から依頼されたのが、当時猪苗代町で 1 番の知識人である小林栄であった。彼は猪苗代町が生んだ英雄の野口英世の恩師で、猪苗代町から 1 番近い災害の現場

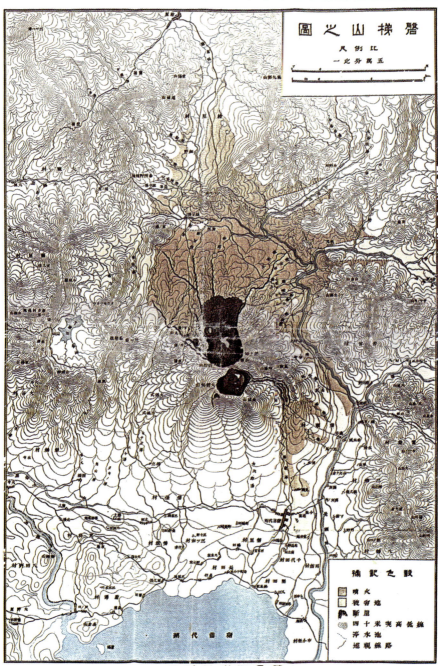

図2 農商務省地質局5万分の1地形図「磐梯山之図」(岩手大学提供)

を案内した。彼はまた磐梯山の噴火に関して、東京の雑誌に投稿している。小林については、野口英世記念館で詳しく学ぶことができる。

（佐藤 公）

【参考文献】
- 内閣府中央防災会議（2005）『1888 磐梯山噴火報告書』
- 福島県立博物館・磐梯山噴火記念館・野口英世記念館（2008）『共同企画展 会津磐梯山』

【問い合わせ先】
- 磐梯山ジオパーク協議会
  福島県耶麻郡北塩原村桧原字剣ヶ峯 1093-732　☎ 0241-32-3180
  http://bandaisan-geo.com/

【関連施設】
- 磐梯山噴火記念館
  福島県耶麻郡北塩原村桧原字剣ヶ峯 1093-36　☎ 0241-32-2888
- 裏磐梯ビジターセンター
  福島県耶麻郡北塩原村桧原字剣ヶ峯 1093-697　☎ 0241-32-2850
- 野口英世記念館
  福島県耶麻郡猪苗代町三ツ和字前田 81　☎ 0242-65-2319
- 磐梯山慧日寺資料館
  福島県耶麻郡磐梯町磐梯字寺西 38　☎ 0242-73-3000

【注意事項】
- Stop 3 と Stop 4 は積雪期には、スキー場からリフトに乗ります。スノーシューという洋風かんじきを使用します。レンタル可能です。
- Stop 5 と Stop 6 は、道路が冬季閉鎖になるため、冬は入れません。

【地形図】
2.5 万分の 1 地形図「桧原湖（ひばらこ）」「磐梯山（ばんだいさん）」「猪苗代（いなわしろ）」「会津広田（あいづひろた）」

【位置情報】
Stop 1：37°39'02"E，140°04'20"N　　　裏磐梯湖沼群
Stop 2：37°39'10"E，140°05'24"N　　　アカマツ林
Stop 3：37°37'10"E，140°04'12"N　　　銅沼
Stop 4：37°36'50"E，140°03'42"N　　　中の湯
Stop 5：37°34'50"E，140°04'15"N　　　天鏡台
Stop 6：37°33'15"E，139°59'35"N　　　翁島流れ山
Stop 7：37°34'15"E，140°06'05"N　　　土津神社
Stop 8：37°34'05"E，140°06'45"N　　　見祢の大石

 火山

　日本は火山国と言われ、特に近年は噴火があちこちで発生している。火山とは、地下深部にある融けた岩石（マグマ）が地上や海底など地球の表面に噴出することによってできる地形のことを言う。火山は美しい景観や温泉、多彩な金属・非金属鉱床などの恵みをもたらす一方で、ひとたび噴火が起こればしばしば大きな災害をもたらす。このため、火山の中でも、おおむね過去1万年以内に噴火した火山及び現在活発な噴気活動のある火山は気象庁により「活火山」として指定され、その中でも比較的活動度が高いとされる火山は24時間体制で地震や地殻変動などの観測が行われている。かつて使われていた「休火山」「死火山」といった用語は今では使われていない。

　地球上で火山のあらわれる場所は大きく3つ（沈み込み帯、ホットスポット、プレート拡大境界）に分けられる。中でも日本の火山の大半が関係しているのは沈み込み帯、特に海洋プレートがほかのプレートの地下に沈み込む場所である。通常、沈み込み帯では沈み込んだ冷たいプレートによって、マグマ発生の場となる地下の岩石も冷やされるためマグマは発生できない。しかし、岩石は水が存在すると融点が下がるという性質があるため、沈み込んだ海洋プレートから大量の水がもたらされることによってマグマが発生するのである。沈み込み帯では、沈み込んだプレートの深度100 km前後の等深線に沿って火山が並び、「火山フロント」と呼ばれている。ホットスポットは、地球の深部から上昇するマントル対流などによるもので、世界各地に存在する。ハワイ島やアメリカのイエローストーン、ガラパゴス諸島などがこれにあたる。プレート拡大境界は、2つ以上のプレートが遠ざかる方向に移動する場所で、太平洋中央海膨や東アフリカの地溝帯などがこれにあたる。

　日本の火山の多くは、成層火山（噴火が近接した場所で繰り返されることで形成される円錐形の火山：富士山、浅間山、羊蹄山など）、溶岩ドーム（流動性の少ない溶岩が火口周辺に留まってつくるドーム状の火山：然別火山、雲仙岳、昭和新山など）、カルデラ火山（おおむね直径2 km以上の巨大な火口をつくるような巨大噴火を起こす火山：洞爺カルデラ、十和田カルデラ、阿蘇カルデラ、姶良カルデラなど）である。かつて地学の教科書で使われていた「アスピーテ」「コニーデ」といった用語は現在では使われていない。（廣瀬　亘）

❸ 八峰白神ジオパーク

白神の恵みに生きる人々

図1 八峰白神ジオパークの地形とStop位置図
北海道地図株式会社ジオアート『八峰白神ジオパーク』をもとに作成

ジオツアーコース

Stop 1：海岸の奇岩　　　　　　　　白神のスフィンクス
Stop 2：**地すべり地のブナ林**　　　留山
Stop 3：世界自然遺産の緩衝地域　　　二ツ森

ジオヒストリー	先カンブリア	古生代	中生代	新生代
（年前） 46億		5億	2.5億　　6600万	500万

北部海岸地域の岩石をつくった火山活動
（2500万年〜1500万年万年前）*

*北部海岸の岩石は変質が激しく、詳細な年代はわかっていない。

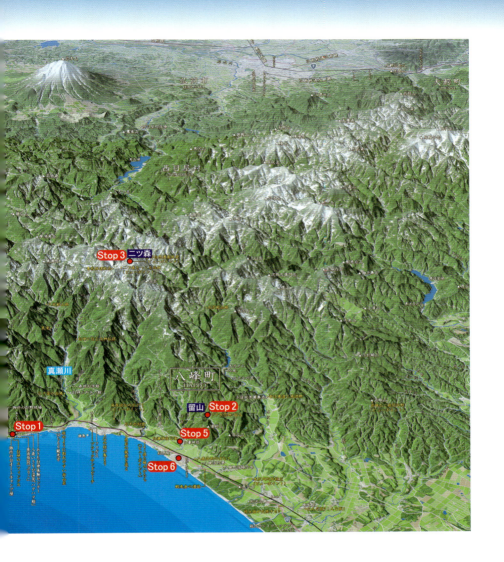

Stop 4：隆起する海岸	チゴキ崎の岩場
Stop 5：素波里安山岩に刻まれた滝	白瀑
Stop 6：湧水を使っての酒造り	東八森の棚田

素波里安山岩をつくった火山活動　白神山地の隆起
（1000万年〜400万年前）　（数百万年〜現在）

新生代

10万　　1万　　　　　　　　　現在

八峰白神ジオパークは、秋田県北部海岸沿いの県境に位置する。日本国内でも稀な手つかずの自然が残された世界自然遺産である白神山地（1993年に登録）の森や水の恩恵を受け、人々は美しい自然への畏敬の念を抱き、世代を超えてそれを保護してきた。白神山地はその大半の地域が自然環境や生態系などの保護を目的に厳重な立ち入り規制を受けているが、八峰白神ジオパークの範囲はそれに隣接する地域であり、ジオパークのルールにおいて立ち入りや活用が認められている。このため、海岸部をはじめ各地のジオサイトでは、現在では見ることの困難な白神山地の地質や生態系について見て感じて学ぶことができる。また、ジオパークの範囲は人々の生活の場でもある。人々がどのように白神山地の自然と向き合い暮らしつつ保護してきたかについて、見て感じて学ぶことができる。

白神の岩石海岸

　八峰白神ジオパークの海岸部には、白神スフィンクスをはじめとする、形のおもしろい、彫刻のような奇岩がたくさんある（Stop 1、写真1）。その中でも北部の海岸地域には、隆起や波食あるいはタフォニの作り出した奇岩が特に多い。ここは八峰白神ジオパークの奥庭の「秘密の場所」にある。海岸植生保護と危険防止のため、ぜひジオガイドとともに訪れていただきたい。「熊のサンドイッチ岩」、「1.5センチのキセキ」、「熊の土俵岩」、「石庭」、「座禅岩と須弥山岩」など（ただし、公式名称ではない）、様々な岩がある。例えば、「座禅岩と須弥山岩」は、古代インドで世界の中心にそびえていると考えられていた須弥山そっくりの岩の下にある、座禅を組んで瞑想にふけるのによさそうな広さ2畳ほどの平らな岩である。このようにこの場所は様々な形に見える岩があり、想像力をかき立てられる。ここを訪れ岩に名前を付けて遊ぶことも八峰白神ジオパークの楽しみとしてあげても良いだろう。

写真1　白神のスフィンクス
（堀内 威、2011年11月撮影）

これらの天然の彫刻は、おそらく2000万年前の激しい火山活動によってできた火山岩に刻まれている。2000万年前というと日本海のできる前である。変質が激しく十分な研究が行われていないが、火山活動の場は、浅い水域から陸上であり、白神山地のほかの沿岸地域と類似している。また、海岸には段丘が発達している。奇岩の分布する地域にも、3段から4段の完新世の段丘が発達し、離水ベンチや離水ノッチが発達している。これまでの研究で白神山地は1.3 mm/年の平均速度で隆起しつつあり、本州島でももっとも隆起の激しい地域であることがわかっている（八木・吉川1988）。

白神山地の生態系をささえる地質と地形

　海岸地域に露出している火山岩はたいへん頑丈である。白神山地の内部にも同じ時代の同じ地層が分布し、侵食に抵抗している。白神山地は隆起し続けているが、この火山岩のおかげで侵食に耐えその姿を保っている（八木ほか1998）。一方、火山岩とともに広く分布する泥岩は、侵食されやすい。その結果、白神山地は起伏の多い急峻な地形となり（写真2）、そうした場所にあるブナの森は伐採を逃れ、原生的で広大なブナ林が残されたのである（写真3）。泥

写真2　空から見た白神山地（2009年3月撮影）

写真3 白神山地のブナ
（2012年8月撮影）

岩は地すべりを起こしやすい。ブナ林はこの地すべり地域に発達する。地すべりは地形を改変し、環境の多様性を生み出す。その様々な環境に応じて多様な植生が見られる（三島ほか2009）。また、世界遺産地域外の地すべり地は地元の人々の山菜採集の場となっている（檜垣2008）。

泥岩、地すべりおよびそこに発達するブナ林については、八峰白神ジオパークの留山（とめやま）周辺が見学しやすい（Stop 2）。留山は地すべり地に成立したブナ林であるが、慎重に保全され、ガイドと同行しなければ入林は許可されない。では、白神山地そのものを見てみよう。

二ツ森と白神山地のブナの森

　二ツ森は、八峰白神ジオパークのジオサイトの中で唯一、世界自然遺産地域内（緩衝地域）に存在している（Stop 3）。この二ツ森の地形・地質およびそれと人間の暮らしとの関係について述べたい。

　八森駅の北側から、真瀬川（ませ）沿いに白神山地へとのびる道を登って行こう。海岸から少し離れるだけで、人家は途絶え、清流沿いの道が続く。ぶなっこランドから真瀬川に沿って一ノ又沢へ、そして白神山地の山腹を縫うように高度をあげていく青秋林道は、二ツ森登山口付近で不自然に途切れている。尾根を掘りこんでつくられた道路が県境まで続き、そこで途絶え、土の壁に遮られている。実はここが青森県と秋田県の県境である。道路の先の山はもう青森県なのである。これは白神山地が世界自然遺産となったことと密接に関連しているが、ここでは詳述はしない。ここには、1950年代後半の計画浮上、1970年代末の林道計画開始、その後の自然保護運動、それを経た計画中止、さらにそれに続く世界自然遺産の指定など、青秋林道を巡る複雑な物語がある。

　登山口から二ツ森に向かおう。ここから先は、世界自然遺産白神山地の緩

衝地域なので、草の種などを持ち込まないよう服や靴をしっかりチェックしてから登りはじめよう。登山口から途中までは、登山道沿いに黒っぽい色をした泥岩が認められる。これはかつて二ツ森のあたりが深い海底だったころに、海底に静かにたまった泥が固まった石である。登山道沿いにも小露頭がある。もちろん、これらの岩石は許可なく採取はできない。やがて、二ツ森山頂の手前で、登山道は急斜面へとのびていく。足下を見ると、登山道に散らばる石が白っぽいものに変わっているのに気がつくだろう。これは、550万年前に地下の深いところでマグマが固まったもので、石英閃緑岩と呼ばれている（土谷 1999）。泥岩に比べ、風化しにくくかつ固く侵食に強い。そのため長い年月の間に削り残されたのである。では、なぜ白神山地は隆起しているのだろうか？

マントルの熱い指が呼び寄せる、神の魚ハタハタ

「マントルの熱い指」とは海洋研究開発機構の田村芳彦さんによって提唱された概念である（Tamura et al. 2001）。白神山地のように東北地方を横断して東西方向にのびた山地は太平洋プレートによる圧縮力では説明しがたい。東北地方に何列かある東西性の山地は、その上に火山をのせている。この事実を説明するために、マントルの熱い指モデル、つまりマントルに東西にのびた指状の高温部分があり、それが火山や隆起帯の元になっているというモデルが考えられた。マントルの熱い指の秋田県での位置は、白神山地、男鹿半島、鳥海山のそれぞれの場所になる。このうち2カ所がジオパークで、1カ所がジオパークになるための準備をしている。

おもしろいことに秋田県を代表する魚であるハタハタ（写真4）は、冬にな

写真4　八峰町の町の魚、ハタハタ
鍋、焼き物、ハタハタ寿司など様々な食べ方がある。秋田県民のソウルフードでもある。
（2012年12月撮影）

八峰白神

写真5 チゴキ崎の岩場
火山岩とそれを貫く岩脈でできている。写真奥には海岸段丘地形が見えている。（2012年12月撮影）

るとこの3カ所の海岸にやってくる（Stop 4、写真5）。ハタハタは普段は砂地の海底で暮らす。しかし、産卵は岩場の海藻にする。したがって、岩場と砂浜が近接する場所にハタハタはやってくるのである。秋田県を代表する民謡の1つの秋田音頭は「秋田名物八森ハタハタ・・・」とはじまるが、その八森は八峰白神ジオパークの北部にあたる。八峰白神ジオパークの北部は白神山地が隆起してできた岩石海岸であり、産卵場として好適である。また、南部は米代川から供給された砂により砂浜が形成されている。まさにハタハタにとって絶好の場所なのである。

　したがって、ハタハタも数ある白神の恵みの1つと言えよう。ハタハタは八峰白神ジオパークのある八峰町の町の魚に指定されている。ちなみにハタハタは漢字で鰰と書く。ハタハタがやってくるのは12月上旬で、八峰町はこの時期、釣り人やカモメでたいへんにぎわう。ハタハタは、鍋にしても焼き魚にしてもおいしい。また、ハタハタからは、「しょっつる」という魚醤もつくられる。ぜひ、八峰白神ジオパークを12月に訪れ、白神山地の恵みを堪能していただきたい。私のお勧めするのは、ハタハタを3枚におろしてムニエルにする料理で、きわめて美味である。では、八峰白神ジオパークをさらに南下してみよう。

白瀑神社

　8月は、八峰白神ジオパークの海水浴と祭りの季節である。8月1日には白瀑神社で例大祭が行われる。白瀑神社のご神体である白瀑は段丘に刻まれた滝である（Stop 5）。町内を練り歩いた神輿は最後にこの滝に突入する、たいへん勇壮な祭りである。

白瀑神社は、奥まった場所にあり、真夏でも涼しい。神域にふさわしい静かな所である。白神山地は隆起し続けているため八峰白神ジオパークでは海成段丘（かいせいだんきゅう）が発達している。この段丘にできた滝が白瀑である。滝は当初の位置からかなり後退しているため、段丘をえぐり、谷状の地形になっている。このため滝および神社は奥まった位置にあり、特別な雰囲気の場所となっている。しかも滝に近づくと夏でもたいへん涼しい。この厳かで快適な環境もまた白神の恵みである。なお、滝をつくる岩石は素波里安山岩（すばり）という岩体で、数百万年前の火山活動でできたものである。この岩体も白神山地の地層の構成要素の１つである（写真6）。

写真6　白瀑神社の白瀑
正面の滝壺の向こうに見えているのは素波里安山岩である。また、右には滝壺に突入した神輿が見える。
（2012年8月撮影）

素波里安山岩と白神の酒

　素波里安山岩はかつての海底火山体である。このような第三紀の火山岩は空隙が多く、石油を胚胎していることが多い。八峰町でもかつて石油を採掘していたが、その石油も素波里安山岩に胚胎していたらしい（土谷 1999）。

　素波里安山岩は湧水の供給源としても重要である。八峰白神ジオパークにある山本合名酒造では、素波里安山岩からの湧水を使って酒造りを行っていて、「白瀑」というブランドが有名である。ここでは、山本合名酒造の「山本」を紹介したい。

　山本合名酒造では酒米の一部が、自家栽培されている。実はこの酒米も素波里安山岩の湧水によってつくられている（Stop 6、写真 7）。つまり、素波里安山岩の湧水で作った米をその湧水を使って酒にしているのである。これが「山本」という日本酒になる。米は棚田で作られているが、上部の数枚の田では有機栽培無農薬で米がつくられている。「山本」には白いラベルのものと黒いラベルのものがあるが、有機栽培無農薬の米で作られた酒は白いラベルのほうで通称「白山本（しろやまもと）」と呼ばれている。さわやかな酸味の効いた大変おいしい日本酒であるが、なかなか手に入らない。有機栽培なので草取りに手間がかかり、農作業を手伝った小売店にしか卸さないためである。このお

写真 7　山本合名会社の水田
棚田になっている。白神山地の湧水で酒米が栽培されている。写真奥やや左側に山本合名会社の酒蔵が見えている。ここでは白神山地の水で酒を仕込んでいる（2011 年 12 月撮影）

酒は、ぜひ八峰白神ジオパークに訪れて味わっていただきたい。
　八峰白神ジオパークには、山菜、魚、白神酵母パン、そば、豆腐、ソフトクリームなど、ほかにもおいしい白神の恵みがたくさんある。また、白神山地が海に迫る雄大な景色もすばらしい。白神の恵みに支えられている八峰町民の皆さんもたいへんやさしく控えめで心温まる人々である。このように八峰白神ジオパークは地形・地質、それと生態系、地形・地質と人々の関係を感じることができる場所であり、なによりたいへん楽しい所なので、ぜひ訪れていただきたい。

（林　信太郎・及川真宏）

【参考文献】
- Tamura, Y., Tatsumi, Y., Zhao, D., Kido,Y. and Shukuno, H.（2001）Distribution of Quaternary volcanoes in the Northeast Japan arc: geologic and geophysical evidence of hot fingers in the mantle wedge. Proc. Japan Acad. 77, 135-139.
- 土谷信之（1999）秋田－山形油田地帯の後期中新世－鮮新世火山岩の火山活動と貯留岩の形成．地質調査所月報 50, 17-25.
- 檜垣大助（2008）環境の世紀における斜面防災．砂防学会誌 61（1）, 1-2.
- 三島佳恵・檜垣大助・牧田　肇（2009）白神山地の小規模地すべり地における微地形と植生の関係．季刊地理学 61, 109-118.
- 八木浩司・齋籐宗勝・牧田　肇（1998）『白神の意味。』自湧社
- 八木浩司・吉川契子（1988）西津軽沿岸の完新世海成段丘と地殻変動．東北地理 40, 247-257.

【問い合わせ先】
- 八峰白神ジオパーク推進協議会事務局
　秋田県山本郡八峰町八森字三十釜 144-1　☎ 0185-77-3086
　http://www.town.happou.akita.jp/index.php?pid=66

【地形図】
2.5 万分の 1「二ツ森（ふたつもり）」「岩館（いわだて）」「羽後水沢（うごみずさわ）」「中浜（なかはま）」「大間越（おおまごし）」

【位置情報】
Stop 1：40°23'11"N,　139°58'55"E　　　白神のスフィンクス
Stop 2：40°20'30"N,　140°03'41"E　　　留山
Stop 3：40°26'06"N,　140°07'04"E　　　二ツ森
Stop 4：40°24'45"N,　139°56'47"E　　　チゴキ崎の岩場
Stop 5：40°20'20"N,　140°02'18"E　　　白瀑
Stop 6：40°20'08"N,　140°02'26"E　　　東八森の棚田

❹ ゆざわジオパーク

見えない火山によってつくられた、ゆざわの人々の苦労の歴史

図1 ゆざわジオパークの地形とStop位置図
北海道地図株式会社ジオアート『ゆざわジオパーク』をもとに作成

ジオツアーコース

Stop 1：大地の歴史を知る　　　　　　　　　　　湯沢市郷土学習資料展示施設
Stop 2：**カルデラ**と河川下刻で生まれた渓谷　　　　三途川渓谷
Stop 3：渓谷に阻まれた水利とそれを解消する歴史　　羽場水路トンネル
Stop 4：60m地下の**地熱**の姿が見られる　　　　　小安峡大噴湯
Stop 5：大渓谷の始まりにある**滝**は、温泉が作った　小安峡不動滝

脊梁山地での大規模な火山活動
（700万〜500万年前）

ジオヒストリー	先カンブリア	古生代	中生代	新生代
（年前） 46億	5億	2.5億	6600万	500万

ゆざわジオパークは、秋田県最南端の、宮城県、山形県と県境を接する湯沢市全域を範囲としている（図1）。この地域は、中新世後期（700万年前）の奥羽脊梁山脈沿いの火山活動に起因する地質構造を、第四紀の火山岩類が覆っている。その後の河川による侵食活動や地すべりなどによって現在の地形が形づくられてきた。

ここは、日本海、奥羽山脈という大地形の条件とシベリア高気圧や偏西風、対馬海流といった気象・海洋条件が重なって、世界有数の豪雪地帯となっている。そして、幽玄な原生ブナ林に代表される生態系、鉱山により築かれた街、稲作文化を基軸とするカシマサマやニンギョサマといった独特の文化、そして稲庭うどんや三関サクランボなどの食といった現在の生活や産業まで、様々なものがある。この地では、数々の豊かな地域資源を活用しながら歴史を築き、暮らしを続けている様子を目の当たりにすることができる。

ゆざわジオパークの大地の歴史を知る

ゆざわジオパークに到着したら、最初に湯沢市郷土学習資料展示施設に訪れていただきたい（Stop 1）。ここがゆざわジオパークの拠点施設であり、この地域で産出する化石や埋蔵文化財が展示されている。ここの施設の展示からこの地域の大地の歴史の概観を知ることができる。

三途川渓谷に遮られた人々の生活

ゆざわジオパークのほぼ中央に三途川という集落がある。いかにも死者が地獄に行く際に渡るとされる三途川を連想させる恐ろしい名前であるが、なぜこのような地名がついているのだろうか。ここは、もともと3つの川が集まる場所という意味で三津川と呼ばれていた。それが、その奥に草木も生えない荒涼とした川原毛地獄という場所があったことから、いつからか地獄の手前ということになぞらえて三途川と称するようになったのである。

三途川集落は、高松川に深く削られた三途川渓谷（Stop 2、崖の比高40 m）の上にあり、昔はそこから奥に行くためひどく苦労したところでもある。現在は立派な橋が架かっているが、昔は崖に沿って曲がりくねった小道を小柴につかまりながら下り、細い丸太橋を渡り、対岸の崖を同様に登るという、命がけの行き来だったようである（写真1）。

写真 1 三途川橋から見える河岸の三途川層の露頭（2013 年 5 月撮影）

図 2 三途川層の分布範囲
20 万分の 1 地勢図「新庄」に加筆。湖成層の三途川層の分布範囲は、大沢ほか（1988）による

写真 2 三途川橋水路トンネル取水口（2013 年 5 月撮影）

　この往来を困難にさせた谷がつくられている周辺の地層は、三途川層である。この地層は、ゆざわジオパークの南東部一帯に広く分布する。中新世後期（700 万年前）からの激しい火山活動でできた大きなカルデラ湖（古三途川湖：南北 20 km、東西 10 km）ができ、その底にたまった湖成層が三途川層である（図 2）。

　高松川には現在でも魚が住んでいない。その原因は、三途川で合流する 3 つの川のうちの 1 つの湯尻沢にある。この川の上流部には前述の川原毛地獄がある。川原毛地獄での火山性ガスの噴出や温泉水の湧出は、23 万年前の高松岳の火山活動の名残りである（高島・越谷 2008）。この川原毛地獄から湧出する強酸性（pH 1.32 〜 1.66）の温泉水が湯尻沢に大量に流れ込むことによって、湯尻沢だけでなく 3 つの川が合流した下流域でも、pH 3 程度の魚が住めない環境になっているのである。

　こうした酸性であることに由来するであろう「すっぱい川」という意味の須川が、高松川の下流域にある。この酸性の水質により、下流域の稲作は生産量も増えず米の品質も上がらなかった。そのため、この地域の人々は長年、

真水での農業生産を夢見ていた。1942（昭和17）年に、高松川上流の真水の川である泥湯沢から取水する農業用水をつくることになった。この用水は三途川層に、10年の歳月をかけて手掘りトンネルを掘り進めてつくられた（写真2）。用水のトンネル部分の長さは1174 mで、現在では、下流の250 haの水田を灌漑している。このトンネルの用水を完成させることができたのは、ここが三途川層という緻密ではあるが軟らかい地層であったためである。

皆瀬川と小安峡渓谷と人々の生活

小安峡は三途川渓谷の東側にある、8 kmも続く皆瀬川の渓谷である。ここは比高が約60 mで、三途川渓谷と同様、湖成層である三途川層が侵食されてできたものである。小安峡の最上流部の大噴湯（Stop 4、写真3）では、渓谷谷底近くの三途川層の層理面にそった割れ目から勢いよく温泉が噴き出している。この大噴湯を一目見ようと、この一帯の温泉街には大勢の観光客が訪れている。

この小安峡は不動滝から始まっていて、不動滝より下流側の小安峡と上流側では河川の地形が大きく異なっている（Stop 5、写真4）。これは、不動滝のところの地層が固いために起こった現象である。最終氷期には、海水準が低下し河川の下刻作用が活発になり、河川の下刻作用は不動滝周辺にまで達した。しかし、ここの三途川層は温泉成分に含まれるシリカ（SiO_2）の影響で硬化していた。そのため侵食が進まず滝になったと考えられている。

不動滝を作り出した温泉活動は、現在ここでは見られず、ここから500 m下流の大噴湯周辺に移動している。不動滝の上流部を調べてみると不動滝同様に硬化した地層が見られる。それぞれ地層の年代測定をすると、上流に行くほど年代が古くなっている（水垣2004）。このことから、温泉の噴出場所は時間とともに下流側に移動していることがわかる。不動滝周辺の地層は、過去の温泉噴出活動の化石といえる。

小安峡大噴湯から5 km下流に位置する羽場集落では、皆瀬川よりも50 m高い位置に農地があるため、川の水を直接用水として利用することができない。このため、200年前から皆瀬川の支流の小さな沢の水を4 kmの水路を作り確保していた。ところが、この水路をもろい三途川層の崖に沿って作っ

写真3 大噴湯（2010年11月撮影）

写真4 不動滝側からみた小安峡（2011年9月撮影）

写真5 羽場水路トンネル内部（1994年7月撮影）

ていたため、雪や雪解け水によりしばしば壊れてしまっていた。これを解消するため、1920（大正8）年に災害が頻発する部分を廃止し、トンネルを掘ることにした。工事は3年の歳月を費やして行われ、延長600 mのトンネルが完成した（Stop 3、写真5）。水路延長が1 km短縮され、崩落の被害を受ける頻度が格段に減ったのである。当時は掘削機械などもなく、工事はすべて地域住民らの手掘りで進められた。これが可能だったのも地層が軟らかい三途川層であったからである。

ゆざわジオパークで楽しく学ぶ

ゆざわジオパークでは、はっきりとわかる火山を見ることはできないが、見えない火山の影響を大きく受けた暮らしが営まれてきた。今回紹介したジオツアーコースのほかにも火山の影響を知ることができる場所がある。例えば、この地域の発展の礎となった院内銀山は、中新世末期の火山活動により形成された鉱脈鉱床である。江戸時代後期の最盛期には、銀の産出量日本一を誇り、「天保の盛り山」とも称された。現在は、閉山後50年以上が経過し森林に覆われているが、残された坑口などの史跡が当時を想像させてくれる。また、冬季の

豪雪に接することで、東北脊梁山地をつくりだした地殻の大きな動きに思いをはせることができる。

　ゆざわジオパークでは、火山の恵みである温泉にのんびりとつかりながら、絶えず動き続けている大地の動きを感じ、変動帯にいるということを実感していただきたい。そして、変動する大地とどう付き合っていくのかを考えるきっかけにしてもらいたい。

（沼倉　誠）

【参考文献】
- 大沢　穠・広島俊男・駒沢正夫・須田芳朗（1988）20 万分の 1 地質図幅「新庄及び酒田」地質調査所
- 高島　勲・越谷　信（2008）秋田県南部小安・秋の宮地域の地熱地質. 地質学雑誌 114, 97-109.
- 水垣桂子（2004）放射年代測定法を用いた地熱系の長期変動解析. 地質調査研究報告 55, 431-438.

【問い合わせ先】
- 湯沢市ジオパーク推進協議会
  湯沢市佐竹町 1-1 湯沢市役所内　☎ 0183-55-8195
  http://www.yuzawageopark.com/

【関連施設】
- 湯沢市郷土学習資料展示施設（押切伸・三途川化石資料室）
  湯沢市高松字上地 6-2　☎ 0183-79-3370
- 院内銀山異人館
  湯沢市上院内字小沢 115　☎ 0183-52-5143

【注意事項】
- Stop 3 の羽場水路トンネルは、見学できる時期が限られているため、見学の際は湯沢市ジオパーク推進協議会にお問い合わせ下さい。

【地形図】
2.5 万分の 1 地形図「菅生(すごう)」「小安温泉(おやすおんせん)」

【位置情報】
Stop 1 : 39°03'54"N, 140°31'53"E　　湯沢市郷土学習資料展示施設
Stop 2 : 39°01'48"N, 140°34'45"E　　三途川渓谷
Stop 3 : 39°02'28"N, 140°38'39"E　　羽場水路トンネル
Stop 4 : 39°00'43"N, 140°39'39"E　　小安峡大噴湯
Stop 5 : 39°00'24"N, 140°39'52"E　　小安峡不動滝

❺ 三陸ジオパーク

悠久の大地と海と共に生きる

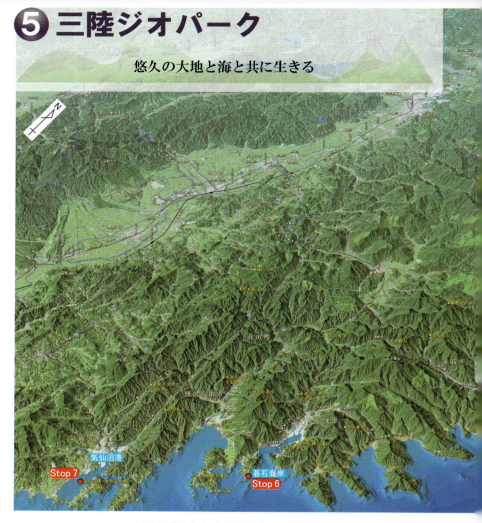

図1 三陸ジオパークの地形とStop位置図
北海道地図株式会社ジオアート『三陸ジオパーク』をもとに作成

ジオツアーコース		
Stop1：ウミネコの大繁殖地		蕪島
Stop2：北限の海女で知られる海岸		小袖海岸
Stop3：隆起した大地と侵食の造形美		北山崎

マグマの活動が活発化
（1億3000万年〜1億2000万年前）

ジオヒストリー	先カンブリア	古生代	中生代	新生代
（年前） 46億	5億	2.5億	6600万	500万

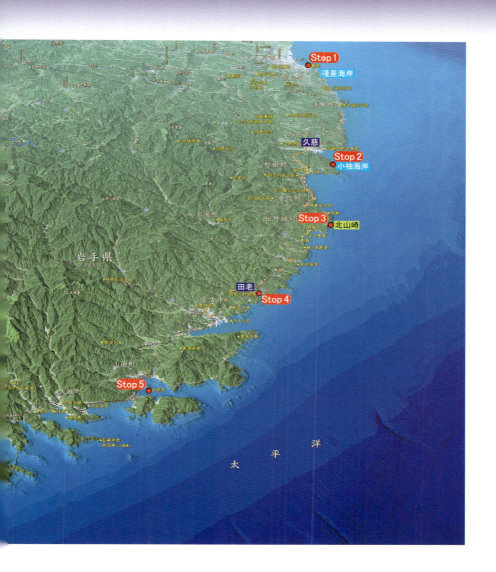

Stop4：万里の長城と呼ばれた**防潮堤**　　　田老防潮堤
Stop5：湾の地形を生かしたカキの養殖　　　山田湾
Stop6：自然が造った碁石の浜　　　　　　　碁石海岸
Stop7：**リアス海岸**の良港　　　　　　　　気仙沼湾

リアス海岸・海食崖の形成　　　　　東北地方太平洋沖地震
　　　　（2万年前）　　　　　　　　　（2011年）
　　　　　　　　　新生代
10万　　　　　　1万　　　　　　　　　　　現在

三陸ジオパークは、南北約200 km、東西約60 kmにわたり、日本のジオパークとしては最大の面積を有し、三陸復興国立公園とも重なっている。

　三陸地域の南部の地質は、5億年前に南半球にあった超大陸の北縁部でつくられ、その後分離し北上した。北部は3億2千万年前～1億4千万年前の海底の堆積物や海山などで、プレートの動きにより大陸の縁に付け加わったものである。これら南北の地層は、1億4千万年前に出会った。

　三陸地方の特徴の1つがリアス海岸である。この地形は、北部と南部で異なる特徴を持つ。宮古から南は海岸線が入り組んでいるが、北部は海岸線が直線的で海成段丘が広く分布する。三陸沿岸の地形、地質環境や気候は多様であり、陸と海の動植物を育み、人々の暮らしの基盤となってきた。それらを作り出した地球の活動は、2011年の東北地方太平洋沖地震やそれに伴う津波のように、大きな災害を時としてもたらしてきた。

絶景が続く海岸線

　国の名勝に指定されている種差海岸は、蕪島から大久喜までの12 kmの海岸線とそれに沿った88 haの範囲である。蕪島は、ウミネコの繁殖地として国の天然記念物に指定されている（Stop 1、写真1）。かつては、その名の通り海に浮かぶ島だったが、旧日本海軍の埋立て工事により陸続きとなった。ウミネコは国内ではほとんどが断崖絶壁や離島で繁殖するため、その様子をなかなか見ることはできないが、蕪島では間近で巣を観察することができる。春から夏にかけて島を埋め尽くす3～4万羽ものウミネコと、菜の花の鮮やかな黄色の花が織りなす光景は圧巻である。菜の花は、以前は蕪の花と言われていた。ウミネコは漁場を知らせてくれる弁財天の使いとして大切にされ、蕪嶋神社は漁師の守り神として信仰を集めてきた。蕪島の海岸の岩石には、礫や火山灰などが含まれている。これは、この岩が1億3千万年前の大規模な火山活動で噴出した火山灰や溶岩などが堆積してできたものだからである。

　蕪島から東へ進むと、岩肌の美しい海岸線が広がる小舟渡へ至る。ここにはイタコマイマイ岩と呼ばれる岩がある。昔この付近に住んでいた「イタコ」が朝日の出とともに巨岩の上に登り、舞を舞って、その日の漁を占っていたと伝えられている。マグマが冷え固まる際にできた規則的な割れ目部分が波

写真1 ウミネコの繁殖地蕪島 （2015年7月撮影）

の侵食によって削られ剥がれ落ち、このような孤立した形の岩礁ができたと考えられている。鮫角(さめかど)には、緑の草原にそびえ建つ白亜の灯台、鮫角灯台があり、隣接するタイヘイ牧場では数々の名馬が育てられた。

　太平洋戦争時には海軍の監視所にもなっていた葦毛崎(あしげざき)展望台からの眺望の素晴らしさは種差海岸でもトップクラスである。四季折々に様々な野鳥や動物たちが顔を見せ、650種を超える海浜植物や高山植物が咲き誇るため、花の渚とも呼ばれている。

　葦毛崎のすぐ南は、小さな湾形の中須賀(なかすか)（釜の口）である。入り江の海中に釜の形をした岩があることから名付けられた釜の口には、特徴的な形をした岩礁があちこちにある。さらに南に行くと、これまでの岩石海岸（磯）の地形とは一変して、なだらかな砂浜があらわれる。この大須賀海岸は、鳴砂の浜としても有名である。石英粒が擦れる際の振動で音が出ると言われており、砂がきれいな証拠である。

　さらに南には、種差天然芝生地が広がる。種差海岸を代表する景観である。この地域では、冬季の少雪環境による土壌の低温化や、夏季のヤマセによる悪天候と強風環境とが植物の生育を阻害してきた。さらに馬の放牧があったためその食圧により草原が維持されてきたのである。近年は、馬の放牧が行われなくなったため、植物の量や種類が減少している。

北限の海女で知られる海岸

　久慈駅から路線バスで40分の、北限の海女で知られる小袖海岸に向かおう。車窓から海岸線を眺めると、大規模な火成活動や隆起、侵食といった、1億年にわたる地球の営みによってつくり出された地形が目に入る。断崖と赤銅色の岩礁が連続しているこの海岸では、つりがね洞（写真2）や、かぶと岩と呼ばれる花崗岩の奇岩が、荒々しい海岸景観をつくりだしている

　小袖海岸は、北限の海女が活躍していることでも有名である（Stop 2）。小袖漁港前でバスを降り、漁港を眺めながら小袖海女センターに向かう。東北地方太平洋沖地震の津波で流された前施設にかわり、新たに2014年12月に完成した。この2階には海女を紹介する展示コーナーがある。

　地域の女性たちによって守られてきた伝統漁法は、この海岸の成り立ちと密接な関係がある。ごつごつした岩場は、1億3千万年前に活動した火山から噴出した溶岩でできており、海食により、ウニやアワビの生育に適した複雑な岩礁をつくりだした。また、内湾に面しているため波が比較的穏やかで、素潜りに向いている。7月～9月には、伝統的な海女の姿で、素潜り漁の実演が行われ、観光の名物となっている。また、海岸線付近には番屋と呼ばれ

写真2　久慈海岸のつりがね洞（画像提供：久慈市、2005年7月撮影）

る漁師の作業小屋がある。集落は急崖の上にある平坦地に形成されていて、漁のときにはこの番屋まで出てくるのである。こうした職と住の分離は、繰り返される津波に対する先人達の知恵と言える。

小袖漁港のシンボル的な岩である夫婦岩はしめ縄で結ばれ、この岩をよく見ると斜めに傾いた柱状の岩が束になった構造をしていることがわかる。5-6角形の柱状の岩が束になったこの岩の割れ目に、柱状節理というもので、溶岩が陸上で冷えて固まる時に形成されるものである。ここでは、この柱状節理を2方向から観察でき、柱状の構造を3次元的に見ることができる。

久慈琥珀博物館では、8500万年前の恐竜時代のタイムカプセルといわれる琥珀を見ることができる。ぜひ、足をのばしてほしい。

隆起した大地と侵食の造形美

田野畑(たのはた)では、サッパ船アドベンチャーズと称してサッパ船の体験ができる。サッパ船とは、陸中海岸の漁師がウニ漁やアワビ漁、そのほか小規模な刺し網漁などに使用する小型の磯舟である。入り組んだ海岸を移動するには、岸に沿って移動しなければならないが、そうすると大きく迂回しなければならず移動効率が悪いので、ベテランの漁師は、岬に大きく開いた穴や、岩礁の間を縫うようにして漁場に直行する。このツアーではそんな漁師達の航行そのままを再現している。定期観光船では通過できない海食洞(かいしょくどう)をくぐり、海食崖(かいしょくがい)、奇岩の間近まで行くことができる。

ツアー船の発着地の羅賀(らが)漁港の近くには津波石がある。羅賀の津波石は、海岸から250m内陸の標高約28mの畑の中にあり、長さ3m、幅2mの大きさのものである。一部が地中に埋まっているため地表には1m露出しており、重さは20tと推定されている。海岸線にある1億1千万年前の宮古層群平井賀層とよばれる地層と同じくオルビトリナという有孔虫の化石を含んでいることから、もともと海岸付近にあった石であったと考えられる。つまり1896年の明治三陸津波でここまで運ばれたのである。

北山崎の展望台からは、大海原に向かってそそり立つ高さ200mの大断崖が望める(Stop 3、写真3)。北山崎は、小袖海岸と同じく、1億3千万年前に活動した火山から噴出した溶岩などからできている。

写真3 北山崎の断崖 （2014年5月撮影）

万里の長城と呼ばれた防潮堤

　田老駅に降り立つと、巨大な防潮堤が目に入る（Stop 4、写真4）。明治三陸津波と1933年の昭和三陸津波という2度の大津波によって、田老地区では壊滅的な被害を受け、明治三陸津波では村民（当時）の7割以上、昭和三陸津波では972名の死者を出した。津波が引いた後の様子は「更地同然」と言われるほど凄惨たるものであった。昭和三陸津波の田老町では翌年の1934（昭和9）年に防潮堤建設に着手、大戦を挟んで1958（昭和33）年に防潮堤が完成し、1960（昭和35）年のチリ地震津波では、被害を最小限に食い止めた。

　万里の長城とも呼ばれた高さ10 m、長さ2.4 kmの長大な防潮堤は、通常の2階建て住宅よりも高く堅牢であった。一方で田老地区では津波からの避難場所や避難経路を示す表示も多く設置され、定期的に避難訓練が実施されるなど、ハード・ソフトの両面から津波に対する取り組みが続けられてきた。しかし、東北地方太平洋沖地震による津波は防潮堤の高さをはるかに凌ぎ、再び田老地区に甚大な被害をもたらした。三陸地域では、過去の津波災害から学んだ防災文化が息づいていたが、東日本大震災では過去の教訓が風化し

写真 4　万里の長城と呼ばれた防潮堤　（2013 年 7 月撮影）

つつあることが露呈した。

　このようなことから、現在、「宮古観光協会学ぶ防災」として、ガイドによるツアーが行われている。このツアーでは、東日本大震災で甚大な被害が出てしまった田老地区の現状を、ガイドと一緒に防潮堤の上を歩きながら見てもらうことで、災禍の記録や後世への教訓を伝えている。田老漁港の北側にあった「たろう観光ホテル」は、決壊した防潮堤の真正面に位置しており、一部は津波によって破壊されて鉄骨がむき出しになっている。4 階より上はほぼ津波発生以前の状態で残されおり、被災遺構として保存されている。また、所有者自らがホテルの部屋から撮影した津波襲来時の映像は、田老総合事務所 3 階会議室で、学ぶ防災のガイドが説明しながら、公開されている。この映像では凄惨な津波の被害を再認識できるほか、湾内での津波の挙動など、津波発生時の貴重な情報を知ることができる。

　田老観光ホテルから 15 分ほど歩くと、三王岩園地がある。海食に耐え、海にそびえるように立っている三王岩は、太鼓の形をした太鼓岩、高さ 50 m の男岩、その傍らにある女岩の 3 つの巨岩からなる。三王岩を特徴づける斜めに傾斜した縞模様は、宮古層群と呼ばれる 1 億 1 千万年前の浅海に堆積した砂岩や礫岩からなる地層である。男岩、女岩に見える地層の傾斜と海岸の

断崖の傾斜を見比べると、それらの傾斜が同じ方向に続いていることがわかる。つまり、もともと陸地とつながっていた男岩、女岩が、波浪や風化に伴う侵食により削られ、現在の景観になったのである。一方、太鼓岩の縞模様は全く違う向き（ほぼ鉛直）にのびている。これは、太鼓岩だけが、現在のところに転がってきたことを示している。

湾の地形を生かしたカキの養殖

　山田湾は、周囲約 30 km のほぼ円形の湾である。そこには、白い岩肌に松の緑が鮮やかな大島（オランダ島）と小島があり、まるで大きな箱庭を思わせる景色が広がっている（Stop 5、写真 5）。オランダ島は、江戸時代にオランダ船ブレスケンス号が水と食料の補給を求め山田湾に入港してきた際に、島の付近に碇を下ろしたという史実から名付けられた。

　山田町内には、明治と昭和の三陸津波の被害を伝える津波記念碑が建てられている。そのうちの１つは、大沢小学校跡地の高台にある。そこからは被災した山田町の町並みや、船越半島周辺の段丘、そして山田湾とそこに浮かぶカキ棚が一望でき、過去の津波の教訓と共に、被災地の様子や地形、そして海産物の恵みを望むことができる。

　山田湾はリアス海岸特有の入り組んだ地形が生み出した波の穏やかな湾で、複数の川が注ぐことにより、プランクトンが豊富に発生する。そうした地形的特徴が適していたこともあり、岩手県としてはいち早く、1902（明治35）年からカキ棚を使ったカキ養殖が開始された。

写真 5　山田湾のカキ養殖（2012 年 6 月撮影）

自然が造った碁石の浜

碁石海岸を含む末崎半島には、1億3千万年前の大船渡層群の船河原層、飛定地層が分布している（Stop 6、写真6）。船河原層は礫岩や凝灰岩、砂岩、泥岩からなる。飛定地層は主に砂岩と泥岩が交互に重なる地層で、その後の地殻変動により隆起し、現在は陸上に顔を出している。末崎半島の先端近くには海岸の名前の由来となった碁石浜があり、浜一面に囲碁の碁石のような黒くて丸い石が堆積している。泥からできた黒色頁岩が、海岸で崩れ、洗われ、丸くなったものである。黒色は海底に溜まるヘドロなどの有機物の色に起因している。囲碁の碁石として、仙台藩の殿様に献上されたとの言い伝えもある。

写真6 自然が造った碁石の浜 （2011年2月撮影）

リアス海岸の良港

気仙沼港は、リアス海岸の奥深い湾の最奥部に位置する。カツオやサンマなどで日本有数の水揚げ量を誇り、日本の主要な漁港の1つである（Stop 7）。日本有数の遠洋マグロ漁船の基地でもあるが、このマグロ延縄漁業では、マグロ以上にサメが多くかかることから、気仙沼港ではサメの水揚げ量日本一を誇っており、ヨシキリザメ（フカ）のフカヒレの生産でも有名である。この気仙沼でも、東北地方太平洋沖地震による津波では、港や市街地にも多くの被害が出た。

気仙沼港入り口にわずかに突き出た、神明崎と呼ばれる標高約10 mの岬がある（写真7）。かつては海面近くには浮見堂や岬を一周する遊歩道が整備されていたが、現在は津波の被害を受けたままになっている。その高台には、気仙沼の漁業を見守ってきた五十鈴神社が鎮座し、気仙沼湾を見渡せる。

この岬は、2億9千万年前の石灰岩からなり、露頭ではウミユリなどの化

写真7 気仙沼湾に浮かぶ神明崎（2014年5月撮影）

石が観察できる。海面近くには海食洞（かいしょくどう）が形成されており、高台の中腹には鍾乳石や石筍の発達する鍾乳洞（しょうにゅうどう）（龍神窟）もある。なお、鍾乳洞への立ち入りは禁止されている。岬の東側には気仙沼から岩手県紫波町日詰につながる古い大断層（日詰－気仙沼断層）が走っている。気仙沼湾はこの断層に沿ってできた直線的な低地に海が入ってできた地形である。

三陸海岸ジオパークで伝えたいこと

　東日本大震災は、三陸地域で自然の恵みを享受してきた私たちに、自然が時に大きな脅威になることを再認識させた。三陸海岸を訪れたら、自然への畏敬の念を感じ、自然との共生の在り方や人と人との絆・つながりの大切さを見つめ直してほしい。三陸の人々と会話する中で、三陸の大地と海がもたらした海産資源や自然景観、風土、人々が育んできた歴史や文化など地域資源を楽しむと共に、度重なる災害にもかかわらず営まれてきた、この大地と海と共にある「三陸の人々の生きざま」を感じてほしい。

（杉本伸一・大石雅之）

【問い合わせ先】
・三陸ジオパーク推進協議会事務局
　岩手県宮古市五月町 1-20 宮古地区合同庁舎内　☎ 0193-64-1230
　http://sanriku-geo.com/

【関連施設】
・蕪島休憩所
　青森県八戸市大字鮫町字鮫 93 番地先　☎ 0178-51-6464
・種差海岸インフォメーションセンター
　青森県八戸市大字鮫町字棚久保 14-167　☎ 0178-51-8501
・道の駅くじ　やませ土風館
　岩手県久慈市中町二丁目 5 番 6　☎ 0194-66-9200
・小袖海岸海女センター
　岩手県久慈市宇部町 24-110-2　☎ 0194-54-2261
・久慈琥珀博物館
　岩手県久慈市小久慈町 19-156-133　☎ 0194-59-3831
・北山崎ビジターセンター
　岩手県下閉伊郡田野畑村北山 129-10　☎ 0194-37-1211
・宮古観光交流協会
　岩手県宮古市宮町 1-1-80　☎ 0193-62-3534
・大船渡市立博物館
　岩手県大船渡市末崎町字大浜 221-86　☎ 0192-29-2161
・気仙沼シャークミュージアム
　宮城県気仙沼市魚市場前 7-13　☎ 0226-22-9292

【注意事項】
・Stop 1 にある蕪島休憩所は 12 月 29 日から 1 月 3 日が休館。種差海岸インフォメーションセンターは 12 月 29 日から 1 月 1 日が休館。
・Stop 2 にある久慈琥珀博物館は 12 月 31 日～1 月 1 日および 2 月末日が休館。
・Stop 6 にある大船渡市立博物館は毎週月曜日、国民の祝日、年末年始が休館。

【地形図】
2.5 万分の 1 地形図「八戸東部」「角浜」「久慈」「田野畑」「田老」「陸中山田」「陸前広田」「気仙沼」

【位置情報】
Stop 1：40°32'20"N，141°33'28"E　　蕪島
Stop 2：40°10'07"N，141°51'09"E　　小袖海岸
Stop 3：39°58'45"N，141°57'12"E　　北山崎
Stop 4：39°44'06"N，141°58'19"E　　田老防潮堤
Stop 5：39°27'50"N，141°57'03"E　　山田湾
Stop 6：38°59'20"N，141°44'19"E　　碁石海岸
Stop 7：38°54'22"N，141°34'45"E　　気仙沼湾

❻ 栗駒山麓ジオパーク

自然災害との共生から生まれた豊穣の大地の物語

図1 栗駒山麓ジオパークの地形とStop位置図

北海道地図作成。この地図の作成にあたっては、国土地理院長の承認を得て、同院発行の2万5千分の1地形図を使用した（承認番号 平27情使、第49-GISMAP34954号）

ジオツアーコース

Stop 1：	**火山**の恩恵	栗駒山
Stop 2：	**高山植物**の宝庫	世界谷地湿原
Stop 3：	岩手・宮城内陸地震の爪あと	荒砥沢**地すべり**
Stop 4：	**鉱山**町の栄枯盛衰	細倉鉱山
Stop 5：	自然がもたらす恩恵と猛威	栗原の**平野**部
Stop 6：	**水鳥**たちの聖域	伊豆沼・内沼

熱水鉱床の形成
（1000万～500万年前）

ジオヒストリー	先カンブリア	古生代	中生代	新生代
（年前）	46億	5億　2.5億	6600万	500万

栗駒山麓ジオパークは、宮城県北西部の内陸に位置し、奥羽脊梁山脈を構成する栗駒山から迫三川、さらにはラムサール条約に登録された広大な低湿地まで、多様な自然が広がる場所である。ここでは、人々が災害を克服し、豊かな地域文化を育んできた。最近では、2008（平成20）年と2011（平成23）年との2度の大地震にみまわれたが、現在はそれを克服しつつある。

　この地域には地震、斜面変動、火山噴火、洪水などの様々な自然災害の克服の歴史がある。そして、そうした自然災害のたびに、防災力を強化し、豊かな地域を作ってきた。栗駒山の山頂から伊豆沼・内沼の内陸低湿地までのこのジオパークの中で、様々な自然災害とそこに暮らす人々との共生の形を感じ、考えてもらいたい。

栗駒山の恩恵

　栗駒山は、東北地方の奥羽脊梁山脈のほぼ中央の秋田、岩手、宮城県境に位置し、現在も活動を続けている活火山である（Stop 1）。栗駒山を形成した火山活動は、50万年前に始まり、最近では1944（昭和19）年の小噴火で昭和湖が形成された。繰り返される火山活動は緩やかな稜線と荒々しい崩壊地形を形成し、その景観は四季を通して多くの観光客に楽しまれている。

　栗駒山登山の宮城県側の拠点である、いわかがみ平の秋は、紅葉が絨毯のように広がる。この見事な景観も、栗駒山の火山活動と深いつながりがある。いわかがみ平一帯は、東栗駒山から流れ出た溶岩からなる。冷え固まった溶岩は固く、侵食に強いため、安定した環境が保たれ、ブナやナナカマド、ミネカエデなどの低木林が発達したのである（写真1）。

　火山活動でつくられた地形の恩恵を受けているのは植物だけではない。栗駒山の山麓には、栗駒山の噴火でもたらされた溶岩や、栗駒山の南東20kmに位置する鳴子カルデラ・鬼首カルデラから流れてきた火砕流堆積物が厚く堆積し、水はけの良いなだらかな地形を形成している。1947（昭和22）年には、旧満州からの引揚者らが栗駒山の山麓に入植し、開拓が始まった。この地に入植した28人の開拓者たちは、ブナの原生林を農耕地へと切り拓いた。以来、なだらかな地形と高地の冷涼な気候を利用した高原大根やイチゴの栽培、冷たく豊富な沢水を利用したイワナの養殖などが行われている。

	栗駒山の火山活動 （50万年前～）		岩手・宮城内陸地震 （2008年）
	新生代		
	10万	1万	現在

栗駒山麓

写真1 栗駒山の紅葉（2010年10月撮影）

　平野部に暮らす人々も栗駒山と共に生活してきた。4〜6月にかけて残雪が栗駒山の山肌に模様（雪形）をつくる。「駒姿」、「種まき坊主」などの愛称で呼ばれるこれらの雪形は、平野部の人々に田畑を耕す時期を知らせてくれる。栗駒山の雪形を農事暦として暮らしに活用してきたのである。ところで「駒姿」とは、栗駒山山頂から西にのびる稜線上にあらわれる雪形で、馬（駒）の形をしており、これが栗駒山の名前の由来であると伝えられている。

高山植物の宝庫　世界谷地の高層湿原

　ブナ林は、栗駒山の山地帯を象徴する森林で、近くには稀代ヶ原など広大な自然林が広がる。山麓の一帯では、江戸期から若干ながら薪炭の生産が行われていた。山麓では原生林と二次林が微妙なモザイクをつくる。
　ニッコウキスゲで名高い世界谷地とは、とても広い湿地という意味である（Stop 2、写真2）。標高1100 mの新緑のブナ林を通っての湿原まで15分の道のりでは、エゾハルゼミの声が聞こえ、林床にはギンリョウソウも見られる。この世界谷地に至る道は、古くから日本海側と通じ、付近には峠越えを

写真2　世界谷地一面に咲き誇るニッコウキスゲ（2013年6月撮影）

する旅人のお助け小屋も点在していたという。

　ブナ林を抜けると下田代（しもたしろ）に到達する。湿原は、大地森（だいちもり）と揚石山（あぐろしやま）との間の鞍部で4地区に分散している。この中で、高層湿原の典型が下田代で、木道の整備がされている。この湿原の堆積物の、放射性炭素による年代測定や花粉分析により、ここには6000年前から現在までの周辺環境の変遷が記録されていることが明らかになっている（世界谷地湿原学術調査委員会1985）。湿原群の中には、起源が最終氷期まで遡るものもあり、十和田火山の火山灰を挟む堆積構造が随所で観察される。地域史と地球史とが理解できる貴重で美しい湿原である。

岩手・宮城内陸地震の爪あと

　平成20年（2008年）岩手・宮城内陸地震では、震源断層の上盤側に大小3500カ所を超える斜面変動が発生し、各所に大きな災害が発生した。現在もこの斜面災害後の復旧対策工事が続けられている。しかし、地質学・地形学的に見れば、それぞれの斜面変動は決して異常なものではなく、むしろこのような斜面変動の累積が栗駒山麓の自然環境を構築していて、美しくダイ

写真3 栗駒山と荒砥沢地すべりをはじめとする大崩壊群（2009年12月撮影）

ナミックな景観をつくる立役者であることがわかる。地震時には、土石流、地すべり、斜面崩壊、土砂ダムによる河道のせき止めなど実に多彩な変動が生じたため、災害後に極めて多彩な事業が施されている。山懐に人々が住む世界で発生した内陸直下型地震による斜面変動は、災害多発地帯に住む人と自然の関わりを深く考えさせる。

　栗駒山麓ジオパークの中で、侵食のフィールドミュージアムとして位置づけている斜面変動ジオサイト群は、人が自然災害との付き合い方を考えるきっかけとなるものである。大規模な斜面変動はどこでも発生するわけではない。河川の侵食によって深い谷を掘り込まれているところ、水系の先端部、地質構造として不安定な場所、例えばカルデラ構造などを有する場所などである。一方、頑丈な岩石がつくる行者滝や沢山の渓谷も侵食の典型例である。

　荒砥沢(あらとざわ)一帯は2008年の岩手・宮城内陸地震の際に、巨大な地すべりが多発した場所である。荒砥沢地すべりは、延長1.3 km、最大幅0.9 km、移動土砂量6700 km^{2}にもおよび、短時間で変動した地すべりとしては日本最大規模の大きさである。地すべり地の先端部から最上部の滑落崖(かつらくがい)までの移動体の形態と、地すべりが発生した場所の地形・地質特性、地すべり発生後の地

図2 荒砥沢地すべり周辺図

形と堆積物、そしてそれらがどのような過程でできあがったのかを考えるのに、これ以上の材料はない。周囲の不動域と画然と境される移動体は、その底部にすべり面を持つ。移動体は動きそして止まるため、その内部は押され引かれ、揉みくちゃになる。あるいは、移動前の状態をそのまま残したりもする。荒砥沢地すべりは、そうしたことが巨大なスケールで起きたため、通常の地すべりであれば微細で観察しづらいことが、容易に見ることができ、理解することができる。まるで人間が虫の目を得たかのようである。同時に、分離崖の高みから地すべり全体を眺めれば、雄大で美しいともいえる自然の大変動を確認できる。これは人間が鳥の目を得たかのようである。

細倉鉱山の栄枯盛衰

　栗駒山麓ジオパークの北西部の、鶯沢地区には旧細倉鉱山がある。1200年前に発見されたとされる細倉鉱山は、1987（昭和62）年3月の閉山を迎えるまでに、粗鉱出鉱量は2300万tにのぼった。東洋一と称された鉱山であった。閉山後に、鉱山施設の一部は細倉マインパークの観光坑道や鉱山資料館として生まれ変わり、たぬき掘りやシュリンケージ法などの採掘・精錬など

写真4 近代化産業遺産群に認定されている「細倉鉱山関連遺産」(2009年12月撮影)

の技術を現在に伝えている。また、使用された道具類や鉱物標本も展示されている。展示品の中に、ずっしりと重い鉛でできた「細倉當百」と刻した江戸時代の地方貨幣がある。手に取れば、鉱山業の隆盛と山師達の胸を張る姿が想われる。

　熱水鉱床がこの地域に存在するため、細倉鉱山が成立した。地下深部の高温・高圧環境下で発生する熱水は、鉛や亜鉛・銀など有用な金属鉱物を溶かし込んでいる。これが地表近くの岩盤の割れ目などの空隙で冷え、金属鉱物が沈殿して熱水鉱床を生み出した。細倉鉱山の鉱床は、580万年前までに生成されたと考えられている（土谷ほか1997）。鉱山業の盛衰の名残りは、くりはら田園鉄道とともに、明治の近代化産業遺産となり、今も往時の姿を偲ぶことができる。

自然がもたらす恩恵と猛威

　栗駒山麓ジオパークの平野部では、米作りが盛んである。江戸時代には、この地は仙台藩であったので、ここで生産される米は仙台藩の米（仙台米）として江戸で消費されていた。仙台米は本穀米ともいわれ、江戸時代初期の

寛永年間には、江戸市中で消費される米の3分の1を支えていたそうである。伊達政宗が北上川、阿武隈川などを利用した舟運を発展させ、江戸へ効率的に米を運搬する策を講じたためである。このころの栗原の新田開発の総面積は、仙台藩内で群を抜いていた。米どころとして名を馳せ、自然の恩恵を受ける栗原の平野部は、同時に自然の猛威に苦しめられる地域でもあった。ここでは自然災害と農との共生に注目したい。

栗駒山に端を発した迫三川（一迫川、二迫川、三迫川）は東に流れ、段丘地帯と低地を経て旧北上川に合流する。その流域には広大な沃野が広がる。迫三川が合流して迫川になると、川はまるで上流側に逆流するかのように、西に大きく蛇行する。土地の高さを見ると、迫川の東を流れる北上川沿いは、海抜5 m以上、これに対して西方の蕪栗沼（かぶくりぬま）のほとりは海抜1.3 m、伊豆沼付近でも2.5 m程度しかない。この地域は西のほうが低いのである。一方で迫三川の合流点から上流は土地の勾配が大きく、段丘面が広い。迫川が蕪栗沼に向かって蛇行するのも、大きな沼が多いのも、洪水や干ばつがこの地域で多発するのも、この土地の高さゆえであり、平野のできかたそのものに由来している。

栗原の平野部は、地形的に見ると洪水や干ばつが発生しやすい場所であるが、水をうまく制御すれば沃野となる。仙台二代藩主伊達忠宗（だてただむね）は家臣団と栗原の地を訪れた時に、広大な原野を前に、奉行であった古内主膳重広（ふるうちしゅぜんしげひろ）に開墾をすすめた。しかし、仙台藩の土木家で治水の名手である川村孫兵衛（かわむらまごべい）らによる河川改修は失敗し、工事の総監督は投獄された。その後、古内に再度請託を発しての再挑戦は大成功を収めた。一迫、築館、志波姫、若柳に渡る灌漑面積は2000 haに及び、収穫高は15000石（2200 t）に達した。同時に伊豆沼周辺の排水路の整備も順次充実することとなった。

江戸期以来400年にわたって、米どころの地位を築いた栗原で、「米・餅・酒」の食文化が育まれたことは言うまでもない。1955（昭和30）年

写真5　栗原の郷土料理「えび餅」

ころには、1年に70日、餅を食べる習慣があった。餅は、栗原の人々にとって1番のご馳走だった。また、域内に500以上もある長屋門(ながやもん)は自然と共生する農の実りと見ることができる。栗原の長屋門から平野を眺めて味わう「米・餅・酒」は、この地の自然と生活との深い繋がりが見えるジオ食なのである。

水鳥たちの楽園　伊豆沼・内沼

　栗駒山麓ジオパークの南西側の、平野部には、水鳥たちの楽園である伊豆沼・内沼がある。周囲16 km、面積387 haの伊豆沼は、宮城県最大の低地湖沼である。今の伊豆沼・内沼の姿があらわれたのは、干拓事業や河川改修が行われ、周辺の低湿地や湖岸が整備・改変されたためである。

　いずれの沼も平均水深が0.7 m程度と浅いため、ヨシ、ハス、マコモなどの浅水域を好む抽水(ちゅうすい)植物、沈水(ちんすい)植物が多く生育している。これらの水生植物が繁茂する場所は、魚たちにとっては産卵・生育の場であるとともに、飛来する水鳥たちの採餌・越冬の場ともなっている。この地域の豊かな植物相は多様な生物相を支えている。

　伊豆沼・内沼は、日本では釧路湿原に続いて2番目にラムサール条約に登録された湿地である。ここは、越冬のためにシベリアからハクチョウとガンが飛来する。特にマガンは日本に飛来する8～9割にあたる10万羽もの大群がやってくる。

　越冬中の鳥たちは、日中、沼の周囲の水田で落穂などを食べ、夜は沼に戻ってくる。鳥たちの越冬を支えているのは、沼の環境だけでなく、彼らの食料を生み出す周囲の広大な水田地帯、そして豊かな耕土をつくる人々の営みである。この人々の営みと沼との関係は多岐にわたる。下流域の農業者にとっては、沼は灌漑用水池であり、洪水時には遊水池となる。また、夏のハス見物、冬期の渡り鳥の観察に多くの人々が訪れる観光地でもある。

　伊豆沼・内沼を中心とした平野の生態系は、伊豆野堰の建設をはじめ、長い時間をかけて行われた開墾やそれに伴う堰や水路の整備、さらに湿田の乾田化や、機械化に伴って、日々変化している。

　毎年9月末ころから、多くのガンやハクチョウが越冬のため飛来する。ガンは主として落籾(おちもみ)を、ハクチョウは主としてハスを食べる。乾田化によって

写真6 伊豆沼・内沼のマガンの一斉飛び立ち（渡辺孝男、2014年10月撮影）
2014年 栗原市観光写真コンクール入賞作品

水鳥が日中過ごすための絶好のエサ場ができ、機械化によって手刈りと比べ落籾の量が増えた。そのため、飛来するガンが増加した。また、この場所は、ハクチョウが食べるハスの群落規模も日本有数である。

　水鳥の朝の飛び立ちやねぐら入りは栗原の冬の風物詩となっている。朝日や夕日の美しさとともに空を舞う水鳥は、荒砥沢地すべりとはまた一味違った自然の壮大さを感じさせてくれる。数百年に及ぶ人の営みが、日本一の水鳥の楽園を生み出した。栗原の耕土は、人・鳥・水が織りなす新しい生態系を創りだしている。

　伊豆沼・内沼は、その自然条件を背景として、古くから人々の暮らしと密接な関わりを持つ場所であった。もちろん、その関係は時代によって絶えず変容を繰り返してきた。また、沼の環境そのものも、変化することのない「自然」のままでありつづけてきたわけではない。このフィールドでは、こうした自然環境と人びとの関わり方、そしてその歴史的変容を体感して欲しい。

（宮城豊彦・佐藤英和）

【参考文献】
- 国土地理院（2012）1:25000 火山土地条件図解説書（栗駒山地区）. 国土地理院技術資料 D2-No.58.
- 世界谷地湿原学術調査委員会（1985）『世界谷地湿原学術調査報告書』宮城県
- 土谷信之・伊藤順一郎・関　陽児・巌谷敏光（1997）岩ヶ崎地域の地質. 地域地質研究報告（5万分の1地質図幅）. 地質調査所
- 宮城　豊彦（2009）強震動を契機に発生した巨大岩盤層すべり－脊梁山脈東麓の大規模地すべり地形と荒砥沢地すべり－. 森林科学 56, 11-15.

【問い合わせ先】
- 栗駒山麓ジオパーク推進協議会事務局　栗原市役所産業経済部ジオパーク推進室
宮城県栗原市志波姫新熊谷 284-3　JRくりこま高原駅内　☎ 0228-22-1151
http://www.kuriharacity.jp/index.cfm/9,0,132,html
https://www.facebook.com/geo.kurikoma

【関連施設】
- 細倉マインパーク
宮城県栗原市鶯沢字南郷大作 2-87　☎ 0228-55-3215
- 宮城県伊豆沼・内沼サンクチュアリセンター
宮城県栗原市若柳字上畑岡敷味 17-2　☎ 0228-33-2216

【注意事項】
- 冬期間（おおむね 11 月中旬～4月下旬）は、積雪のため栗駒山（いわかがみ平駐車場）への立ち入り規制。

【地形図】
2.5 万分の1地形図「栗駒山」「切留」「沼倉」「岩ヶ崎」「築館」

【位置情報】
Stop 1：38°57'39"N,	140°47'18"E	栗駒山（三角点）
Stop 2：38°54'52"N,	140°48'14"E	世界谷地第1湿原
Stop 3：38°53'22"N,	140°51'24"E	藍染湖ふれあい公園
Stop 4：38°48'34"N,	140°54'02"E	細倉鉱山（細倉マインパーク）
Stop 5：38°45'27"N,	140°55'43"E	伊豆野堰（伊豆野せせらぎ公園）
Stop 6：38°43'26"N,	141°05'41"E	宮城県伊豆沼・内沼サンクチュアリセンター

コラム5 地すべり

　日本列島で起こる大地の動きには、火山噴火、地震、川の流れや風による土砂の侵食、運搬、堆積のほかに、崖崩れ、地すべり、土石流といった重力による土砂の動きがある。これらの動きは、高いところにある岩盤や土砂が、重力によって、壊れ、移動する過程で起こる。

　日本列島は山地の占める割合が高く、古くから山やその近くに人が住んでいた。そのため、崖崩れ、地すべりは身近な現象であった。山が崩れたところは「くえ」、「つえ」、「なぎ」、「がれ」といった言葉であらわされ、今でもこれらの語を含む地名が残っている。また土石流は、「山津波」や「蛇抜け」などと呼ばれてきた。各地の民話の中に、大蛇が村を襲うという話があるが、その大蛇は土石流を示していることが多い。生きていく上で山とつきあわざるを得なかった人びとにとっては、こうした崖崩れ、地すべり、土石流は、自らの生命や財産を脅かすものとしてきちんと認識されていたのであろう。

　学術的には、これらの現象はランドスライド（landslide）、あるいはマスムーブメント（mass movement）と呼ばれる。しかし、日本では長らくこれに対応する学術用語がなかった。山崩れや崖崩れ、地すべりといった言葉が、学術的に整理されるより前から、一部の人にとっては身近な現象であり、それぞれ個別の現象として認識されていたためではないかと思われる。

　専門的に整理をすれば、崖崩れ、山崩れは崩壊とよばれる現象である。比較的速いスピードで、岩盤の砕けたものや地表の土が移動する現象で、崩れた跡が崖となっていることが多い。これに対して、地すべりは、比較的緩慢な動きで岩盤や土塊が移動するものである。長期間に渡って動き続けているものもある。また、土石流は、土砂が水と一緒になって山の斜面や谷を流れ下る現象である。山間の谷から開けた緩いところに出ると水が抜けて止まってしまう。

　これらの現象を研究している日本地すべり学会では、こうした現象の総称であるランドスライドの訳語を、「地すべり」と定義した。一方で法律の中では、「地すべり」は上述の緩慢な土砂の移動を示す語として使われている。広義の「地すべり」とは別に、緩慢な土砂の動きを示す狭義の「地すべり」が存在するのである。地すべりに関する専門的な文章を読む場合には注意が必要である。

（目代邦康）

コラム6 ジオパークを目指す地域

　日本各地にあるジオパークの、連携、情報交換の組織として、日本ジオパークネットワーク（JGN）が2009年に設立された。このJGNには、日本にある39カ所の世界・日本ジオパークだけではなく、ジオパークを目指している地域も含まれている。ジオパークを目指している地域は、JGN準会員と位置づけになる。2015年10月現在、準会員は、北から、十勝岳山麓（写真1）、下北（写真2）、鳥海山・飛島（写真3、4）、月山、蔵王、浅間山（写真5）、高山市、秋川流域（東京都）、筑波山地域（写真6）、古関東深海盆（千葉県）、いづも、東三河、萩、三宅島、北九州、土佐清水の16地域である。

　これらのジオパークを目指す地域では、それぞれの地域にある地球科学的に価値のあるもの（大地の遺産）についての情報を整理し、保全活動を行い、そして地元の様々な機関や組織と連携し、また地域で活動している自然ガイドと協力し、さらにはガイドの養成をしながら、「大地の遺産」の価値を伝えていく活動に取り組んでいる。ジオパークを名乗ってはいないが、目指すところはジオパーク認定地域と同じである。地域での活動が進むことによって、「大地の遺産」の価値が広く共有され、より活動の輪が広がっていくことになる。そうした実績をもとにJGNへの加盟申請が行われ、日本ジオパーク委員会により審査を受け、その自然の価値と実績と活動の持続性が認められれば、JGN加盟認定を受け、ジオパークを名乗ることができるようになる。

　JGN準会員の地域は、規定によりジオパークを名乗ることはできない。そのため、それぞれの地域に行っても、ジオパークとしての看板や地図、パンフレットは用意されていない。活動が始まったばかりの地域では、情報が整理、集約されてないことも多い。しかし、価値のある地形や地層があるからこそ、ジオパークを目指す運動が始まっているので、自ら地球科学情報を集めることができる人であれば、その場所のおもしろさを発見することができるだろう。これからジオパークになっていく地域のジオストーリーを考えてみてはいかがだろうか。

（目代邦康）

写真1 模範牧場からみた十勝岳連峰
北海道上川郡美瑛町（2015年6月撮影）

写真2 猿ヶ森ヒバ埋没林
砂丘により埋没していたヒバが小川ができたことにより再び地上にあらわれている。青森県下北郡東通村（2014年8月撮影）

写真3 上郷の温水路群、小滝温水路
鳥海山からの融雪水を幅の広い水路に流し水温を上げて、農業用水として利用。秋田県にかほ市。秋田県指定有形文化財（2015年6月撮影）

写真4 玉簾の滝
山形県酒田市（2015年6月撮影）

写真5 浅間山より噴出した鬼押出し溶岩とカラマツの林
群馬県吾妻郡嬬恋村（2012年10月撮影）

▶**写真6 筑波山山麓の筑波石**
山頂のはんれい岩が土石流となって流下し山麓に堆積したもの。茨城県つくば市（2007年8月撮影）

北海道地図株式会社のジオアート

『糸魚川ジオパーク ジオアート』

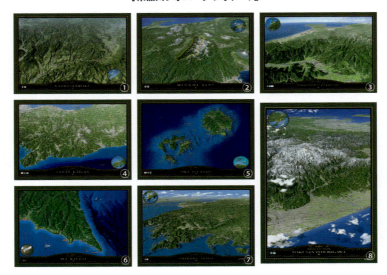

中部、近畿、中国、四国エリアのジオアート
①苗場山麓ジオパーク ②南アルプス（中央構造線エリア）ジオパーク ③恐竜渓谷ふくい勝山ジオパーク
④山陰海岸ジオパーク ⑤隠岐ジオパーク ⑥室戸ジオパーク ⑦四国西予ジオパーク ⑧白山手取川ジオパーク

GEOART（ジオアート）

　GEOARTは、景観を空から地上を見下ろす"鳥の目線"で描いている鳥瞰図のため、地図を読まずとも山や川等の位置関係をだれもが容易に認識することができます。

　この地図は、地図データベースから作成している為、位置（緯度、経度）は正確に表現されており、どの方向・角度・距離からも作成が可能です。地物やテクスチャデータ（土地利用等）をレイヤー化して管理しているため、個々のレイヤーを追加・変更することで、季節ごとの表現など、鳥瞰図の表現を多様にすることができます。このような特徴を生かして地学教育やジオパークの解説用地図として活用いただいています。

多様な地図

　私たちは多種多様な地図を利用しています。北海道地図株式会社では、目的に応じた主題図（地質、植生、地形分類、都市計画、防災、道路、河川、観光等）を作成し提供しています。

　様々な地理空間情報のデータは紙地図で利用されるほか、GISへのデータ提供や、SNS等の情報発信ツールにも利用されています。

地形図　　　　　地質図　　　　　GISMAP Terrain (10 m DEM)

都市計画総括図　　道路計画図　　　ハイキングガイドマップ

索引

欧文
SiO$_2$　118
W・K・バルトン　97

あ行
アカマツ　122
亜寒帯　10
アキアカネ　6
アイヌ古式舞踊　15
アイヌ文化　15,45
アカエゾマツ　45
アカマツ　95
アスピーテ　103
アバランシュバレー　96
アバランチシュート　11
海女　126
安山岩　111,112
アンモナイト　12,55-58
石狩川　11
石狩平野　11
遺跡　43-46,81
遺存種　14
磯→岩石海岸
糸魚川－静岡構造線　31
岩なだれ→岩屑なだれ
イワナ　135
隕石　51
ウチダザリガニ　14
ウミネコ　124
ウミユリ　131
永久凍土　14,69
エゾイソツツジ　45,67
蝦夷梅雨　14
エゾナキウサギ　69
エゾユズリハ　80
榎本武揚　53,59
蝦夷　81
遠藤現夢　96
甌穴　86

大島亮吉　71
オオシラビソ　81
オオツノジカ　15
男鹿半島沖地震　91
オショロコマ　66
オホーツク海高気圧　14
オホーツク文化　15
オルビトリナ　127
温泉　118
温風穴　68

か行
カール　11
海食崖　34,89,127
海食洞　127,132
海成段丘　11,34,84,87,88,111
海棲爬虫類　12
海藻　110
海底火山　112
海浜植物　125
火口　19
花崗岩　126
火口原　21
下刻　118
火砕流　135
火砕流台地　13,25
火山　13,16,41,65,74,77,95,103,107,114,135
火山岩　107,126
火山砕屑物　97
火山性地震　23
火山前線（火山フロント）　79,103
火山麓扇状地　70
火成岩　51
河成段丘　41
化石　63,127
活断層　59
滑落崖　84,138
河道のせき止め　138
軽石噴火　21

カルデラ　13,17,44,48,65,96,103,114,135,138
カルデラ火山　13,103
カルデラ湖　117
雁行亀裂　11
ガンコウラン　67
完新世段丘　88
岩石　51
岩石海岸　110,125
岩屑なだれ　24,95
岩脈　110
かんらん岩　13,30,31
偽高山帯　81
希少種　69
季節風　11,80
木村吉太郎　53
逆断層　60,77,98
旧石器時代　44
旧石器人　13,45
凝灰岩　51,89
金　41,74,79,81
銀　41,74,79,120,140
ギンリョウソウ　136
グリーンタフ　79
珪藻　59
ケスタ地形　11
頁岩　131
結晶片岩　51
広域変成岩　51
航空レーザー測量　19
坑口　53,54,120
鉱山　139
高山植物　30,67,125
豪雪地帯　80
高層湿原　137
構造土　11
鉱物　51
黒曜岩→黒曜石
黒曜石　13,43-48
コケモモ　45,67
湖成層　117,118
コニーデ　103
琥珀　127

小林栄　100
固有種　30

さ行

最終氷期　1,14,69,118,137
砂岩　129
砂金　74,81
砂州　33
サッパ船　27
擦文文化　45
山菜　108
残雪　136
山体崩壊　24,72,95
三内丸山遺跡　81
ジオダイバーシティ→ジオ多様性
ジオ多様性　4,10
ジオツーリズム　1
地すべり　11,77,84,108,138,145
沈み込み　57,103
自然保護　108
湿地　136
ジャガイモ　41
蛇抜け　145
斜面変動　137
斜面崩壊　138
褶曲　37,86
周氷河地形　11
衝突変成岩　51
鍾乳石　132
鍾乳洞　132
上部マントル　31
縄文時代　45,81
白滝じゃが　43
シラビソ　81
白山本　112
新田開発　141
神保小虎　15
森林限界　67
水蒸気爆発　19,20
スズタケ　81
スダジイ　81
砂浜　110,125

すべり面　139
生痕化石　63
成層火山　103
世界遺産　1
世界自然遺産　106,108
石英閃緑岩　109
石筍　132
石炭　53,54
せき止め湖　65
関谷清景　96
石油　79,112
石灰岩　12,51,131
石器　44,45
雪食地形　11
接触変成岩　51
前弧海盆　12
扇状地　69,70
前兆地震　23
浅熱水性鉱脈型鉱床　74
続縄文時代　15
ソリフラクションローブ　11

た行
ターミナルモレーン　11
体化石　63
堆積岩　51
大地の遺産　146
滝　110,111,118
蛇行　11
棚田　112
たぬき掘り　139
タフォニ　89
タブノキ　81
垂柳遺跡　81
段丘堆積物　37,43
断層　132
地球の記憶　1
地溝帯　49
地質図　55
チシマザザ　80
治水　141
地方貨幣　140

チャシ　15,25
柱状節理　127
潮間帯　86
チリ地震　128
津波　24,127,128,130
津波石　127
鶴巻浄賢　98
泥岩　109
泥炭地　11
泥流　21
天然記念物　124
凍結融解作用　11
島弧　12
遠間栄治　43
十勝石　43
十勝坊主　11
徳一　99
土石流　138,145
屯田兵　15
トンネル　120

な行
中村弥六　96
長屋門　142
流れ山　24,70,72,96,99,100
ナキウサギ　46
鳴砂　125
雪崩　11
ナナカマド　81,135
新潟地震　91
ニッコウキスゲ　136
日本蝦夷地質要略之図　15,55
日本ジオパーク委員会　146
日本ジオパークネットワーク　146
「人間と生物圏」(MAB)計画　1
熱水鉱床　140
農業用水　118
ノジュール　86

は行
胚胎　112
波食　106

波食棚　86
ハタハタ　109,110
蜂の巣構造　89
馬蹄形カルデラ　96
馬糞風　71
早川長十郎　53
磐梯山式噴火　96
ヒバ　147
ヒプシサーマル　81
ヒメアオキ　80
氷河地形　11
ブラキストン線　14
風穴　14,45,67,69
付加帯　12
付加体　77
ブナ　80,107,108,135,136
プレート拡大境界　103
噴火　13,18,47,65,79,95,103,135
平成20年(2008年)岩手・宮城内陸地震　137
平坦面溶岩　11
偏形樹　92
ベンジャミン・スミス・ライマン　55-57
変成岩　13,51
崩壊　145
防潮堤　128
防風林　72
放牧　125
北海盆唄　15
ホットスポット　103
ポットホール　86
ホルンフェルス　34,51

ま行

マガン　142
マグマ　103
マスムーブメント　145
マントル　109
マントル対流　103
マントルの熱い指　109
マンモス　15
三日月湖　11

湖　11,16,64,83,91,95,116,142
ミネカエデ　81,135
ミマツダイヤグラム　21
ミヤベイワナ　65
無形文化遺産　15

や行

谷地坊主　11
ヤブツバキ　81
山縣有朋　59
山﨑ワイナリー　61
ヤマセ　80,125
山津波　145
有孔虫　127
湧水　112
雪形　136
ユキツバキ　80
油田　79
ユネスコ　15
溶岩ドーム　13,18,20,65,69,70,103
溶結凝灰岩　45
陽樹　23

ら行

ライマン　55
落葉広葉樹林帯　80
ラムサール条約　1,142
ランドスライド　145
リアス海岸　77
陸繋島　33
離水ノッチ　107
離水ベンチ　107
隆起　107
リラ冷え　24
林道　108
礫岩　129
レリック　24

わ行

渡部斧松　90

シリーズ監修者

目代邦康（MOKUDAI Kuniyasu）

公益財団法人自然保護助成基金　主任研究員。博士（理学）。専門は地形学、自然保護論。日本ジオパーク委員会委員。日本地理学会ジオパーク対応委員会委員。日本第四紀学会ジオパーク支援委員会委員。銚子ジオパーク学識顧問。IUCN WCPA Geoheritage Specialist Group メンバー。
http://researchmap.jp/kmokudai/

編者

目代邦康

廣瀬 亘（HIROSE Wataru）

地方独立行政法人北海道立総合研究機構 環境・地質研究本部 地質研究所　主査。博士（理学）。専門は地質学、火山学、地理情報学。洞爺湖有珠山ジオパーク学識顧問、日本地質学会ジオパーク支援委員会委員、日本火山学会ジオパーク支援委員会委員、日本地震学会ジオパーク支援ワーキンググループ委員。
http://www2.hro.or.jp/rschr/rschr.php?epy_id=aurxmylkwoBRXXW

執筆者

石丸 聡（ISHIMARU Satoshi）

地方独立行政法人北海道立総合研究機構 環境・地質研究本部 地質研究所　主査。専門は斜面地形学、防災地質。
http://www2.hro.or.jp/rschr/rschr.php?epy_id=QJXwAbDeHneZtWM

及川真宏（OIKAWA Masahiro）

八峰白神ジオパーク推進協議会　元専門員。

大石雅之（OISHI Masayuki）

岩手県立博物館　研究協力員。東北大学総合学術博物館　協力研究員。博士（理学）。専門は地質学、古生物学。三陸ジオパーク学術専門部会委員。

加賀谷にれ（KAGAYA Nire）

洞爺湖有珠火山マイスターネットワーク　事務局長。

加藤聡美（KATO Satomi）

アポイ岳ジオパークビジターセンター　学芸員補。アポイ岳ジオパーク推進協議会。専門は地質学、岩石学。

熊谷 誠（KUMAGAI Makoto）

遠軽町総務部ジオパーク推進課　学芸員。専門は考古学、旧石器研究。

栗原憲一（KURIHARA Ken'ichi）

北海道博物館　学芸員。博士（理学）。専門は古生物学、博物館学。
http://researchmap.jp/20150401hokkaido

栗山知士（KURIYAMA Satoshi）
　秋田県立男鹿工業高校　元教諭。専門は自然地理学、地形学。

佐藤英和（SATO Hidekazu）
　栗駒山麓ジオパーク推進協議会事務局。栗原市産業経済部ジオパーク推進室　ジオパーク推進係長。

佐藤　公（SATO Hiroshi）
　磐梯山噴火記念館　副館長。専門は火山防災、火山教育。磐梯山ジオパーク協議会調査研究部会委員。日本火山学会ジオパーク支援委員会委員。

澤田結基（SAWADA Yuki）
　福山市立大学都市経営学部　准教授。博士（地球環境科学）。専門は自然地理学、雪氷学。とかち鹿追ジオパーク推進協議会委員。

杉本伸一（SIGIMOTO Shinichi）
　三陸ジオパーク推進協議会　上席ジオパーク推進員。岩手県立大学地域政策研究センター　客員教授。

杉山俊明（SUGIYAMA Toshiaki）
　北海道遠軽高等学校　教諭。白滝ジオパーク推進協議会会員。

園山和徳（SONOYAMA Kazunori）
　青森県佐井村あおい環プロジェクト。

沼倉　誠（NUMAKURA Makoto）
　湯沢市ジオパーク推進協議会事務局。湯沢市産業振興部まるごと売る課ジオパーク推進室　参事兼室長。

林　信太郎（HAYASHI Shintaro）
　秋田大学教育文化学部　教授。理学博士。専門は火山地質学、地学教育。八峰白神ジオパーク推進協議会研究部会委員。日本火山学会ジオパーク支援委員会委員。

原田卓見（HARADA Takumi）
　様似町商工観光課。アポイ岳ジオパーク推進協議会。

廣瀬　亘

宮城豊彦（MIYAGI Toyohiko）
　東北学院大学教養学部　教授。理学博士。専門は自然地理学、環境地形学。栗駒山麓ジオパーク推進アドバイザー。ジオパーク東北学術研究者会議メンバー。

宮原育子（MIYAHARA Ikuko）
　宮城大学事業構想学部　教授。博士（理学）。専門は地域資源論、地域交流事業。日本ジオパーク委員会委員。日本地理学会ジオパーク対応委員会委員。
　http://www.myu.ac.jp/teacher/jigyo-teacher/miyaiku

目代邦康

カバー写真

荒砥沢地すべり（宮城県栗原市、栗駒山麓ジオパーク）

2008年6月14日に岩手宮城内陸地震が発生し、その瞬間にこの巨大な地すべりも発生した。延長1.3 km、最大幅0.9 km、高さは最大150 mで、日本最大級の破壊的な地すべりである。写真は発生直後の状態で、地すべりの上部が写っている。地すべりとは、すべり面を境として、その上部がスルスルと移動する現象である。この地すべりは、巨大な森や道を乗せたまま300 mも移動したことも判明している。 （宮城豊彦）

画像提供：栗原市、2008年6月20日撮影

表紙写真

有珠山銀沼火口（北海道有珠郡壮瞥町・伊達市、洞爺湖有珠山ジオパーク）

1977～1978年の火山活動に伴って、山頂カルデラから起こった噴火で形成された。噴火の前はこの付近には銀沼と呼ばれる美しい沼があり、美しい森林で覆われた牧場であった。 （廣瀬 亘）

2012年9月撮影

北海道地方扉写真

昭和新山（北海道有珠郡壮瞥町、洞爺湖有珠山ジオパーク）

昭和新山は、有珠山の北東山麓で1943年から1945年にかけて発生した火山活動により形成された。地下に貫入したマグマにより約2年かけて集落や畑地が隆起し、最終的に標高398 mの溶岩ドームが形成された。地元の郵便局長である三松正夫は、火山学者の協力のもとで溶岩ドームの成長過程を科学的手法によって記録した。彼の作成した「ミマツダイヤグラム」は国際的に高い評価を受け、有珠山は近代火山学発祥の地と見なされている。国指定特別天然記念物。 （廣瀬 亘）

2006年6月撮影

東北地方扉写真

仏ヶ浦（青森県下北郡佐井村）

下北半島西海岸の、南北約2 kmにわたって奇岩が連なる景勝地である。中新世の海底火山の噴火によって堆積した緑色凝灰岩（グリーンタフ）が隆起し、表面の風化や侵食が進み独特の地形がつくられた。岩の形が仏具に見えることから仏ヶ浦と呼ばれている。国指定天然記念物。 （園山和徳）

2013年9月撮影

編　者　目代邦康（自然保護助成基金　主任研究員）
　　　　廣瀬　亘（北海道立総合研究機構　環境・地質研究本部　地質研究所　主査）

シリーズ大地の公園　監修　目代邦康

ジオアート及び地形陰影図提供　北海道地図株式会社

	シリーズ大地の公園
書　名	北海道・東北のジオパーク
コード	ISBN978-4-7722-5280-5　C1344
発行日	2015（平成27）年11月13日　初版第1刷発行
編　者	**目代邦康・廣瀬　亘** Copyright　©2015 Kuniyasu MOKUDAI and Wataru HIROSE
発行者	株式会社古今書院　橋本寿資
印刷所	三美印刷株式会社
発行所	**（株）古今書院** 〒101-0062　東京都千代田区神田駿河台2-10
電　話	03-3291-2757
FAX	03-3233-0303
URL	http://www.kokon.co.jp/
	検印省略・Printed in Japan

いろんな本をご覧ください
古今書院のホームページ

http://www.kokon.co.jp/

- ★ 700点以上の**新刊・既刊書**の内容・目次を写真入りでくわしく紹介
- ★ 環境や都市，GIS，教育など**ジャンル別**のおすすめ本をラインナップ
- ★ **月刊『地理』**最新号・バックナンバーの目次＆ページ見本を掲載
- ★ 書名・著者・目次・内容紹介などあらゆる語句に対応した**検索機能**

古 今 書 院

〒101-0062　東京都千代田区神田駿河台 2-10

TEL 03-3291-2757　　FAX 03-3233-0303

☆メールでのご注文は　order@kokon.co.jp　へ